汽车性能分析与选购

主编　信建杰　王　扬

北京理工大学出版社
BEIJING INSTITUTE OF TECHNOLOGY PRESS

图书在版编目（CIP）数据

汽车性能分析与选购 / 信建杰，王扬主编．—北京：北京理工大学出版社，2017.8（2023.8重印）

ISBN 978－7－5682－4601－9

Ⅰ.①汽…　Ⅱ.①信…②王…　Ⅲ.①汽车－性能分析②汽车－选购　Ⅳ.①U472.32②F766

中国版本图书馆 CIP 数据核字（2017）第 197704 号

出版发行 / 北京理工大学出版社有限责任公司
社　　址 / 北京市海淀区中关村南大街 5 号
邮　　编 / 100081
电　　话 / （010）68914775（总编室）
（010）82562903（教材售后服务热线）
（010）68944723（其他图书服务热线）
网　　址 / http：//www.bitpress.com.cn
经　　销 / 全国各地新华书店
印　　刷 / 廊坊市印艺阁数字科技有限公司
开　　本 / 787 毫米×1092 毫米　1/16
印　　张 / 15.25
字　　数 / 360 千字
版　　次 / 2017 年 8 月第 1 版　2023 年 8 月第 5 次印刷
定　　价 / 46.00 元

责任编辑 / 刘永兵
文案编辑 / 刘　佳
责任校对 / 周瑞红
责任印制 / 李志强

前言

PREFACE

汽车性能指标，第一时间反映出本款汽车品质的优良与否。对汽车性能指标给出准确及客观的评价显得尤为重要。本书通过对汽车性能各参数及指标进行充分的阐述，深入浅出地给出衡量汽车性能的常用方法，列举出诸多卓越性能的汽车作为说明，最大程度上诠释了性能车的概念，为汽车销售人员及广大汽车爱好者提供必要的参考，使其准确地把握汽车性能指标在整个汽车销售及选购流程中所占的位置。为了适应商品车市场迅猛发展形势下高等职业技术教育人才的培养要求，根据深化职业教育人才培养模式改革的基本要求，专业与产业、职业岗位对接，专业课程内容与职业标准对接，学历证书与职业资格证书对接，同时秉承学院“校企合作”“工学结合”的办学理念编写本教材。

本教材具有以下特点：

（1）书中针对车辆使用性能的各方面进行阐述，例如汽车的安全性、动力性、操控性和燃油经济性。帮助读者在触目皆是的汽车商品之中，了解如何进行竞品分析，准确抓住汽车选购的要素。

（2）本书具体阐述了从看不见的汽车工作过程到看得见的汽车性能指标，再由看得见的性能指标到汽车切实的驾乘感受，让性能指标不再是数字化的概念。

（3）列举出市场保有量大的品牌车型，并确定了轿车、SUV 的类型等级。通过对厂家不同汽车产品设计理念的解读，纵览销售商汽车的多方位展示，并结合车主用车经验，力求让读者找到选车方法，避免购车误区，直面用车需求，最大限度发挥汽车本身的用途是本书编写的宗旨。

教材内容包括汽车性能分析、轿车车型选购、SUV 车型选购以及 MPV 车型选购。

本教材由信建杰、王扬担任主编。金鑫、孟思聪、闫冬梅、曲雪苓、王丽霞担任副主编。周贺、依志国、姬东霞、李楠洲、陈霞、刘志恒参与编写。

由于汽车产品本身是快速发展的载体，另外时间仓促加之编者水平有限，书中内容如有疏漏偏颇之处恳请读者批评指正，有助我们更好地完善本书。

编 者

目录

CONTENTS

项目1

汽车性能分析

任务1.1　汽车动力性分析与评价

一、汽车动力性的定义

汽车动力性是指汽车在良好的路面上直线行驶时由汽车受到的纵向外力决定的、所能达到的平均行驶速度。它是汽车各种性能中最基本、最重要的性能。

二、汽车动力性的评价指标

汽车动力性由三个方面的指标来评价，即功率、扭矩和排量。

1. 功率

功率是指物体在单位时间内所做的功，是描述做功快慢的物理量。当做功的数量一定时，物体所用的时间越短，其功率值就越大。

我们常说的马力，其实也是一种常用的计量功率的单位，一般是指米制马力；另一个功率的国际标准单位为kW，1千瓦（kW）=1.36马力（ps）。功率越大，单位时间内做功越多。打个比方，功率大小就好比看驴一天能磨多少粮食。

2. 扭矩

扭矩就是指发动机从曲轴端输出的力矩。扭矩的单位为牛米（N·m）。而扭矩的大小就好比看驴能拉动多大的磨。

3. 排量

排量是指活塞从上止点移动到下止点所通过的空间容积，又称为气缸排量。如果发动机有若干个气缸，则所有气缸的工作容积之和即称为发动机排量，如图1.1.1所示。发动机将油气混合体吸入气缸燃烧做功，这就如同驴的能量是来自吃进胃里的粮食，如图1.1.2所示。所以，我们在这里就可以把排量比喻成驴的胃有多大。

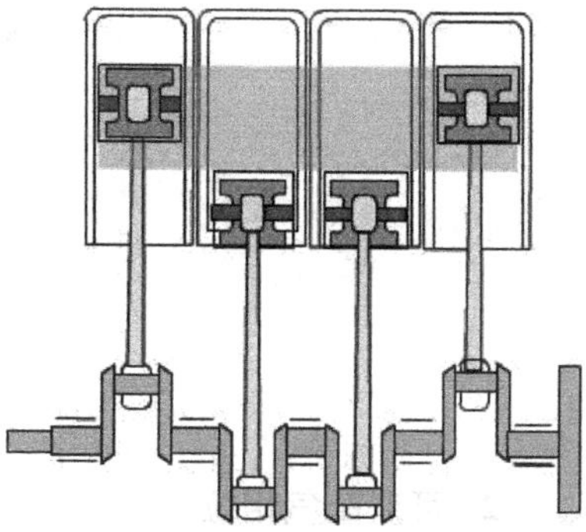
图1.1.1　发动机排量

图 1.1.2　排量与驴拉磨的比喻

功率和扭矩之间的联系是：

$$功率（kW）=\frac{扭矩（N\cdot m）\times 转速（r/min）}{9\ 549}$$

在相同转速的情况下，功率和扭矩可以通过上式进行计算转换。这就好比两头驴在相同的速度下，劲大的驴可以拉动更大的磨，可以磨更多的粮食，效率也就更高。

三、汽车动力性的相关先进技术

1. 多气门结构

传统的发动机多是每缸设有一个进气门和一个排气门，其制造工艺比较简单，成本也比较低。而对于排量较大、功率较大的发动机则应采用多气门技术，如图 1.1.3 所示，其中，最简单的多气门技术是三气门结构（二进一排）。近年来，世界各大汽车公司新开发的轿车大多采用四气门结构。在四气门配气机构中，每个气缸各设有两个进气门和两个排气门。四气门结构能够大幅度提高发动机的吸气、排气效率，新款轿车大都采用该种技术。

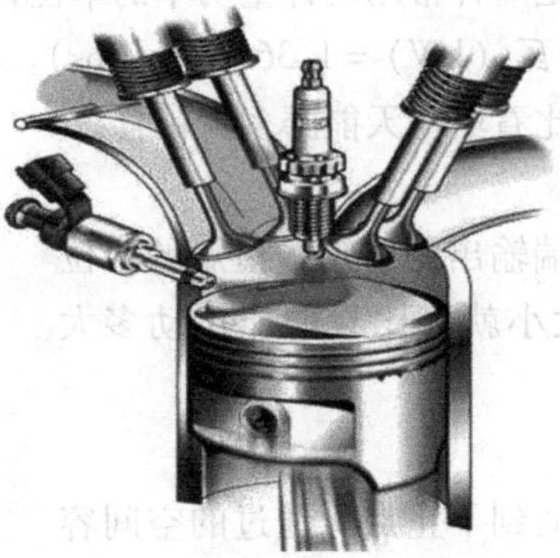

图 1.1.3　多气门结构

2. 可变配气相位

用曲轴转角表示的进、排气门开闭时刻和开启持续时间，称为配气相位，如图 1.1.4 所示。进气配气相位为 180° + 进气提前角 α + 进气迟后角 β，排气配气相位为 180° + 排气提前角 γ + 排气迟后角 δ。试验证明：在进、排气门早开、晚关的过程中，进气门晚关对充气效率影响最大，其次的影响因素是重叠角的大小，人们多在进气门方面改善其性能指标，如图 1.1.5 所示。

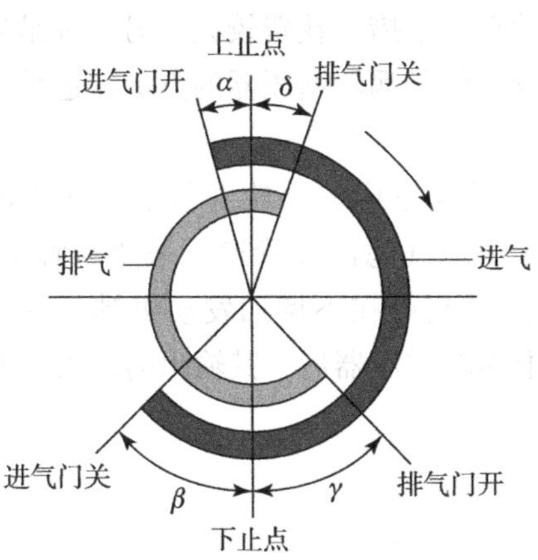

图 1.1.4　配气相位

图 1.1.5　可变配气相位结构

发动机可变气门正时技术（VVT，Variable Valve Timing）的原理是根据发动机的运行情况，调整进气（排气）的量，以及气门开、合的时间与角度，从而使进入发动机的空气量达到最佳，以提高燃烧效率。它的优点是省油，且功升比大，其缺点是中段转速、扭矩不足。

3. 燃油直喷

缸内直喷（FSI，Fuel Stratified Injection）就是直接将燃油喷入气缸内与进气混合的技术，如图 1.1.6 所示。其优点是油耗量低，升功率大，压缩比可高达 12，与同排量的一般发动机相比，其功率与扭矩都提高了 10%。目前，它的劣势是零组件复杂，而且价格通常比较高。

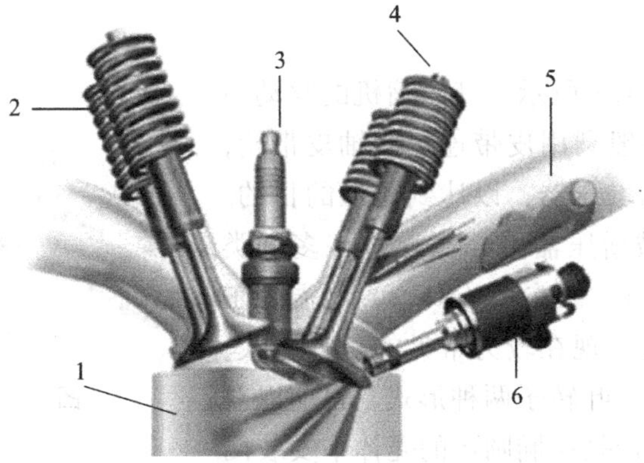

图 1.1.6　缸内直喷

1—气缸、燃烧室；2—排气门组；3—火花塞；4—进气门组；5—进气道；6—高压喷油嘴

随着喷射压力的进一步提高，燃油雾化会更加细致，从而真正实现了精准地按比例控制喷油与进气混合，消除了缸外喷射的缺点。同时，喷嘴位置、喷雾形状、进气气流控制以及活塞顶形状等特别的设计，使油气能够在整个气缸内充分、均匀地混合，从而使燃油充分燃烧，提高能量转化效率。因此，有人认为缸内直喷式汽油发动机是将柴油机的形式嫁接到汽油机上的一种创举。

4. 涡轮增压器

提高压缩比是提高发动机功率的措施之一。提高压缩比有两种途径，一种是采用高顶活塞及改变曲轴行程或者改变燃烧室的形状，这是牵一动百的举措，花费较大；另一种是通过增加进气量的方法，即采用强制性方式增加空气灌输量，就是涡轮增压器的方法，这是一种不改变发动机基本结构且花费较少的做法。

涡轮增压器利用发动机排出的废气作为动力来推动涡轮室内的涡轮（位于排气道内），从而带动同轴的叶轮（位于进气道内），通过叶轮压缩由空气滤清器管道送来的新鲜空气，再送入气缸，如图 1.1.7 所示。涡轮增压器的最大优点是它可在不增加发动机排量的基础上，大幅度提高发动机的功率和扭矩。一台发动机装上涡轮增压器后，其输出的最大功率与未安装增压器之前相比，可增加 40% 甚至更多。

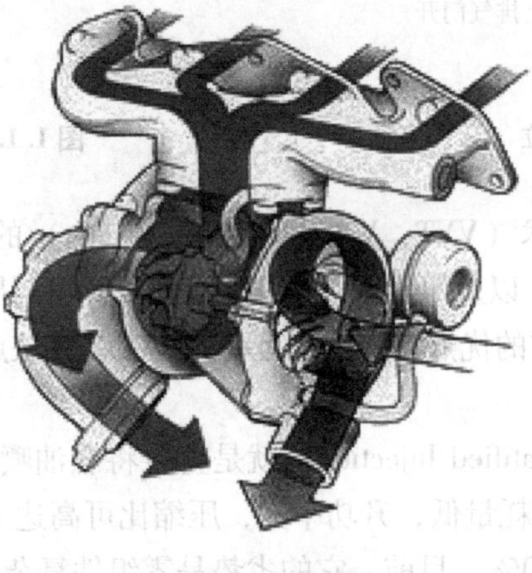

图 1.1.7　涡轮增压器

5. 机械增压器

机械增压器如图 1.1.8 所示，其压缩机的驱动力来自发动机曲轴。它一般利用皮带连接曲轴皮带轮，以曲轴运转的扭力带动增压器，以达到增压的目的。根据构造的不同，机械增压器曾经出现过许多种类型，包括叶片式（Vane）、鲁兹式（Roots）和温克尔式（Wankle）等。不过，现在较为常见的是鲁兹式。鲁兹式增压器有双叶和三叶转子两种形式，目前以双叶转子较为普遍，其构造是在椭圆形的壳体中安装两个茧形的转子，转子之间留有极小的间隙而不直接接触。两转子借由螺旋齿轮连动，其中一个转子的转轴与驱动的皮带轮连接，转子转轴的皮带轮上装有电磁离合器，在不需要增压时即放开离合器以停止增压。离合器的开合则由计算机控制以达到省油的目的。

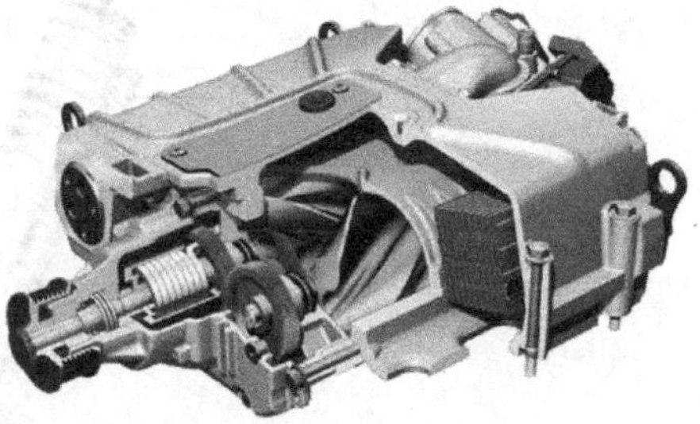

图 1.1.8　机械增压器

四、汽车动力性的常见尾标

1. TSI

大众的 TSI 如图 1.1.9 所示，它在国内外有着不同的意思。在国外，它的意思是 Twincharger Stratified Injection，指双增压（涡轮和机械增压）分层喷射技术。而在国内，它的意思是 T 代表涡轮增压，SI 代表燃油直喷，而不是 T 与 FSI 的简称，且并没有包含燃油分层喷射技术，因为国内燃油质量一般，不能达到分层喷射的要求。

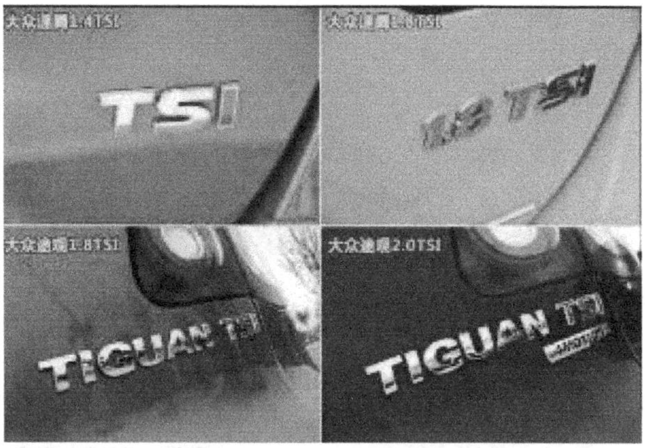

图 1.1.9　大众的 TSI 尾标

在国内，我们经常会看到不同的 TSI 标志。其中有全红色的，有仅“SI”是红色的，还有只有“I”是红色的三种。但大家不要误会它们的技术不一样，这只是为了区分不同的排量而已。例如，2.0 排量和 1.8 排量的 TSI 标志中，“SI”是红色的，而 2.0 TSI 车型中的高配车型或者高端车型则使用全红色的 TSI 标识，那么 1.4 排量的当然只有“I”是红色的了。

2. TFSI

TFSI 标识如图 1.1.10 所示，表示配备的是涡轮燃油直喷发动机。它可以说是 FSI 发动机和涡轮增压器的结合，即涡轮增压（Turbocharger）+ FSI。它的 T 和 TSI 中的 T 一样，表示采用涡轮增压技术，后面的 FSI 表示燃油分层喷射发动机，S 表示“分层次的”。TFSI 发动机既能分层喷射，又有涡轮增压，是 TSI 发动机的升级版。

图 1.1.10　TFSI 标识

3. TDI

TDI 是英文 Turbo Direct Injection 的缩写，意为涡轮增压直接喷射柴油发动机，如图 1.1.11 所示。为了解决 SDI（自然吸气式柴油发动机）的先天不足，人们在柴油机上加装了涡轮增压装置，使得进气压力大大增加，压缩比一般均可达到 10 以上，这样就可以在转速很低的情况下达到很大的扭矩，而且由于燃烧得更加充分，排放物中的有害颗粒物含量也大大降低。TDI 技术使燃油经由一个高压喷射器直接喷射入气缸，因为其活塞顶的造型是一个凹陷式的碗状，燃油在气缸内形成一股螺旋状的混合气。

图 1.1.11　TDI 发动机标识

4. CGI/CDI

图 1.1.12　CGI 标识

发动机 CGI 技术是一种由奔驰公司开发的缸内直喷技术，其标识如图 1.1.12 所示。它的供油动作已完全独立于进气门与活塞系统之外，ECU 也因而拥有更多的主导权。这使得超乎传统喷射理论的稀薄燃烧与更多元的混合比得以实现。在稳定行进或低负载的状态下，采用缸内直喷设计的发动机才能进入 Ultra lean（精实）模式。

在此设定下，发动机在进气行程时只能吸进空气，至于喷油嘴则在压缩行程才供给燃料，以达到节油的效果。根据实际测试，其最高能达到 1∶65 的油、气比例，它除了在节能方面的表现相当惊人以外，其整体动力曲线也能够维持相当高的平顺度。而 CDI 则是该技术的柴油版本。

5. VVT/CVVT/VVT－i/MIVEC/VTEC/i－VTEC

VVT 标识如图 1.1.13 所示，表示发动机可变气门正时技术。它的原理是根据发动机的运行情况，调整进气（排气）的量与气门开合的时间、角度，使进入的空气量达到最佳，从而提高燃烧效率。它的优点是省油且功升比大，而它的缺点是中段转速、扭矩不足。

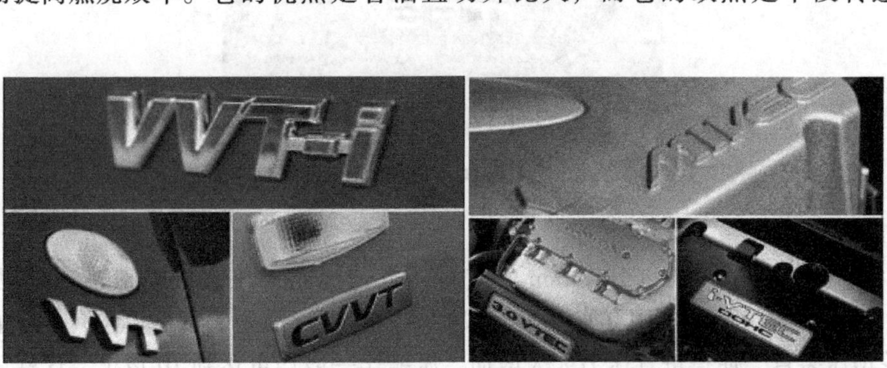

图 1.1.13　VVT 标识

目前，本田的 VTEC 和 i－VTEC、丰田的 VVT－i、日产的 CVVT、三菱的 MIVEC、铃木的 VVT、现代的 VVT、起亚的 CVVT、江淮的 VVT 以及长城的 VVT 等也逐渐开始使用。总的来说，它其实就是一种技术，只是所用的名字不同而已。但部分车型仅具有可变气门技术而没有正时技术，虽然它比一般发动机要省油，但依然赶不上带正时技术的发动机。

五、经典车型动力性推荐推介

（1）车型：全新奥迪 S7 Sportback，如图 1. 1. 14 和图 1. 1. 15 所示。

图 1. 1. 14　奥迪 S7 正面

图 1. 1. 15　奥迪 S7 后 45°

（2）发动机：奥迪 S7 的发动机为 4. 0 V8 TFSI 发动机，图 1. 1. 16 所示为 V8T 发动机。

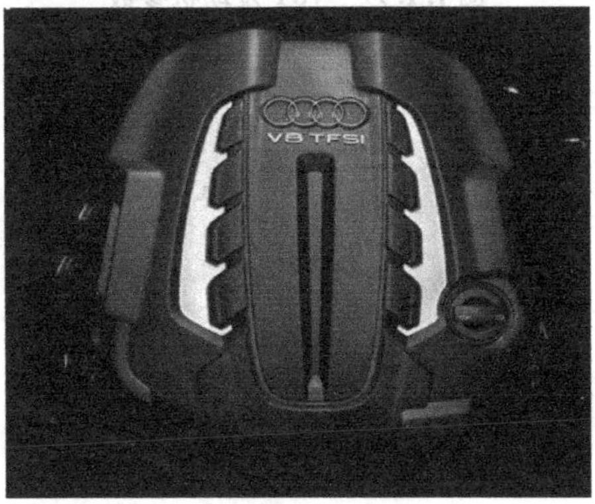

图 1. 1. 16　V8T 发动机

（3）参数：图 1. 1. 17 所示为 V8T 发动机的参数。

（4）重要技术：进气口废气涡轮增压器，其中一种是双流式涡轮机体，如图 1. 1. 18 所示，两股排气歧管直至涡轮入口前均隔开，以改善涡轮的相应特性；另一种是单流式废气涡轮增压，其涡轮的进口截面中间无隔板。共同的进气区会使冲击能量发生窜扰，从而影响附近的气流流动，干扰充气。

4.0TFSI	
变速箱/驱动方式	Stronic quattro
气缸数	8
功率/kW	309
马力	420
扭矩/（N·m）	550
最大时速 /（km·h⁻¹）	250
0~100 km/h加速时间/s	< 5
排放标准	EU5

(a)

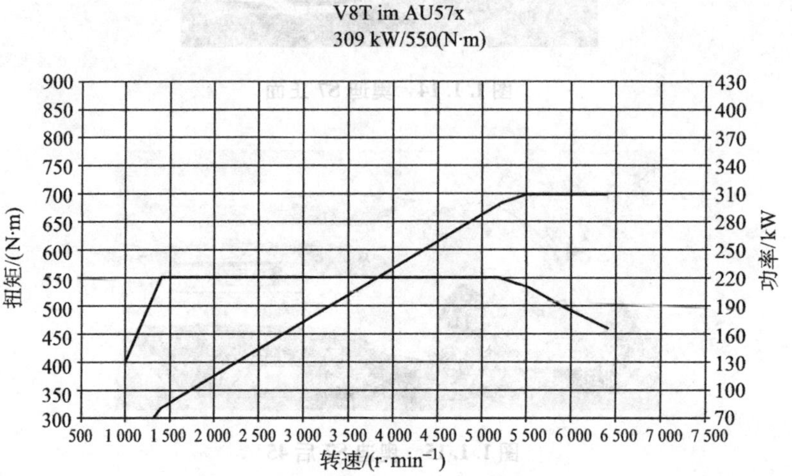

(b)

图 1.1.17　V8T 发动机参数

图 1.1.18　双涡轮增压发动机

任务 1.2　汽车燃油经济性分析与评价

一、汽车燃油经济性的定义

汽车燃油经济性是指汽车以最小的燃油消耗量完成单位运输工作的能力。

二、汽车燃油经济性的评价指标

汽车的燃油经济性常用一定运行工况下汽车行驶 100 km 的燃油消耗量或一定的燃油量能使汽车行驶的里程来衡量。

1. 等速行驶 100 km 的燃油消耗量

我国和欧洲都用行驶百公里消耗的燃油数（L）来表示汽车的燃油消耗量，即 L/100 km。选择一段无坡度的平坦水泥路面或沥青路面，汽车用最高挡分别以不同车速（可每隔 10 km/h 的车速取一个点）等速行驶完这段路程，往返一次取平均值（消除风和坡度的影响），并记下油耗量，即可获得不同车速情况下汽车百公里的油耗，即所谓的等速百公里油耗，如图 1.2.1 所示。

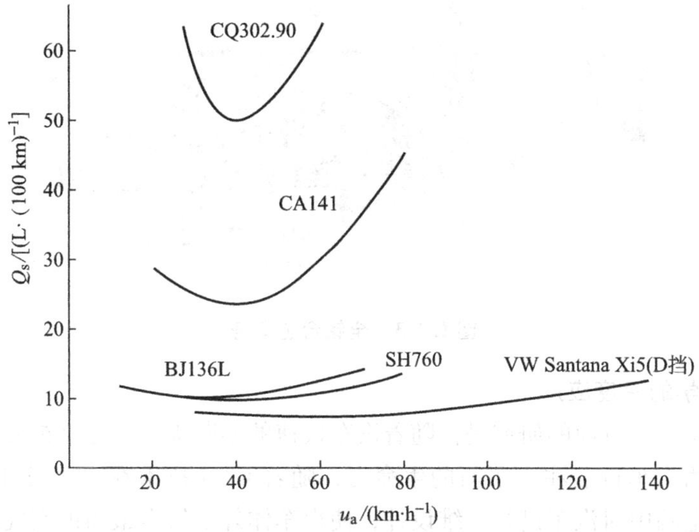

图 1.2.1　等速油耗

2. 循环行驶工况 100 km 燃油消耗量

循环油耗是指在一段指定的典型路段内汽车以设定的不同工况行驶时的油耗，其中，至少要规定等速、加速和减速三种工况，复杂的还要计入起动和怠速停驶等多种工况，再折算成百公里油耗，如图 1.2.2 所示。

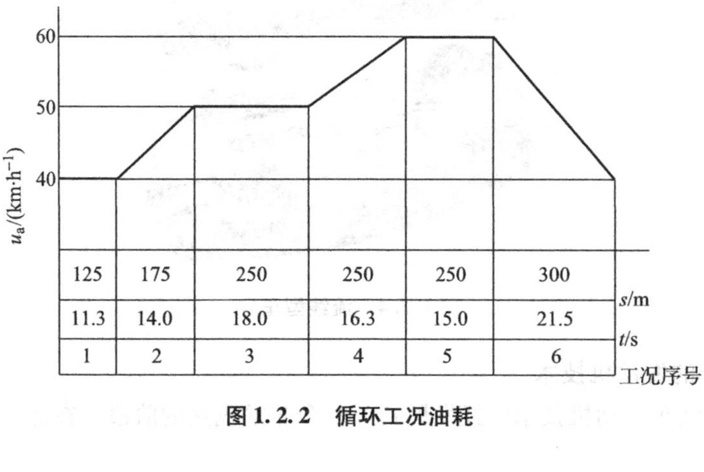

图 1.2.2　循环工况油耗

三、汽车燃油经济性的相关先进技术

1. 新材料的应用

现代材料学的发展为汽车行业的发展做出了重大贡献。现代的汽车除了必须保证对强度有要求的承重部位使用钢材外，许多部分都用更轻的工程材料来代替，这样就能大大减轻车身的自重。甚至有些先进的厂商如路虎全新一代 Range Rover Sport 已经开始全面使用全铝合金车身，如图 1. 2. 3 所示。全铝合金车身为 SUV 的创举，不但能达到大幅减重的目的，也为新车带来更极致的操控性能。

图 1. 2. 3　全铝合金车身

2. 空气动力学的深度应用

对汽车的风阻系数方面的研究是伴随着汽车极速的不断提高而逐渐被人们所重视的。计算机技术的发展为汽车行业注入了新的生命力，随着 CAD 技术在汽车设计中的全面使用，设计人员可以在电脑中对汽车进行三维设计，使得车体外形符合最新的空气动力学原理。因此最新的汽车都具有流线型的车身，如图 1. 2. 4 所示。在高速行进时，这种设计能最大限度地降低汽车的空气阻力，使汽车跑得更快更省油。

图 1. 2. 4　流线型车身

3. 不断完善的发动机技术

时至今日，汽车发动机技术已经发展到了一个非常成熟的阶段，在能够明显增加发动机动力的同时还可以实现以最经济的转速运转。如马自达公司的创驰蓝天技术（SKYACTIV Technology），就能够较好地实现驾驶者对动力及燃油经济性的要求，如图 1. 2. 5 所示。

图 1. 2. 5　马自达发动机技术

4. 自动变速器

自动变速器能够通过锁止离合器将液力变矩器中的泵轮与涡轮锁在一起，从而实现将发动机的动力 100% 传递至变速器，并通过优化自动变速器的内部变速齿轮结构进一步细分挡位，以实现同发动机的更好匹配，从而达到降低动力输出损耗、平稳驾驶并保障一定的驾驶乐趣的目的。自动变速器如图 1. 2. 6 所示。

图 1. 2. 6　自动变速器

四、经典车型燃油经济性推荐推介

（1）车型：马自达阿特兹，如图 1. 2. 7 所示。

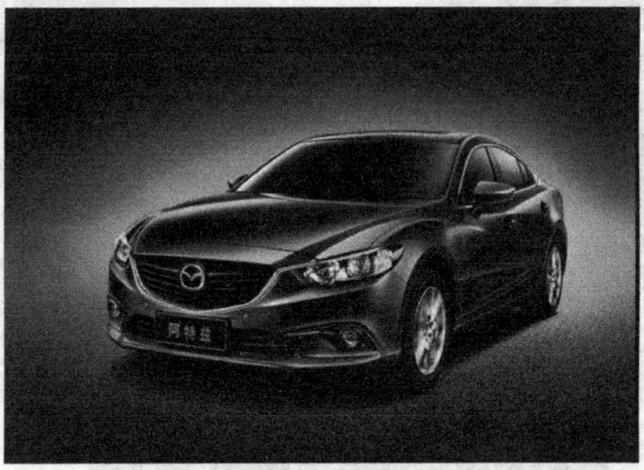

图 1. 2. 7　马自达阿特兹

（2）发动机：马自达阿特兹的发动机为 2. 0 创驰蓝天发动机，如图 1. 2. 8 所示。

图 1. 2. 8　2. 0 创驰蓝天发动机

（3）重要技术：其重要技术包括创驰蓝天 6 孔高压汽油缸内直喷技术，全铝合金发动机技术，13∶1 超高压缩比，独特的 4 －2 －1 超长排气系统，DUAL－S－VT 双可变气门正时控制系统＋电子节气门，高效燃烧设计＋米勒的轻量化以及低摩擦阻力技术。

任务 1. 3　汽车操控性分析与评价

一、汽车操控性的定义

根据道路、地形和交通情况的限制，汽车能够正确地遵循驾驶员通过操纵机构所给定的方向行驶的能力，称为汽车的操控性。

二、汽车操控性的评价指标

汽车的操控性由两个方面来评价，即发动机的动力性与底盘系统的匹配性。

1. 发动机的动力性

发动机具有足够的动力输出且对驾驶员的意图响应迅速，能够保证良好的起步加速时间与超车加速时间。

2. 底盘系统的匹配性

底盘能够将发动机的动力无损地输入并经由它最终平稳而有效地输出，如图 1. 3. 1 所示。它具有能够缓和并吸收来自路面及车体由于路面颠簸而引起的冲击和振动，以保证车身具有良好的运动姿态，并准确、及时地响应驾驶员的转向意图，且能够保持车辆减速时稳定停靠等诸多特性。

图 1. 3. 1　汽车底盘

三、汽车操控性的相关先进技术

1. 电动增压器

电动增压器接在涡轮增压器的后端，相比涡轮增压器来说，它能够主动控制增压器的转速，如图 1. 3. 2 和图 1. 3. 3 所示。在发动机低转速工况，涡轮增压器还没发挥最大增压效能的时候，它能辅助增加向气缸内导入的空气，因此涡轮迟滞现象便能够很好的解决。

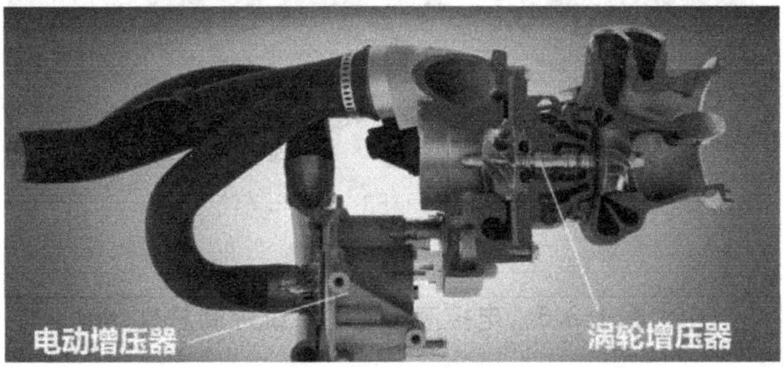

图 1. 3. 2　电动增压器安装位置示意图

图 1.3.3　电动增压器

2. 电控液压进气系统

MultiAir 技术能够无级控制进气门正时及开度，从而让发动机进气过程在各种不同工况下得到优化，最终实现动力性能及排放水平的提升。MultiAir 技术比起功能类似的系统集成化程度更高且主要零部件尺寸更为小巧，如图 1.3.4 和图 1.3.5 所示。

图 1.3.4　电控液压进气系统内部结构

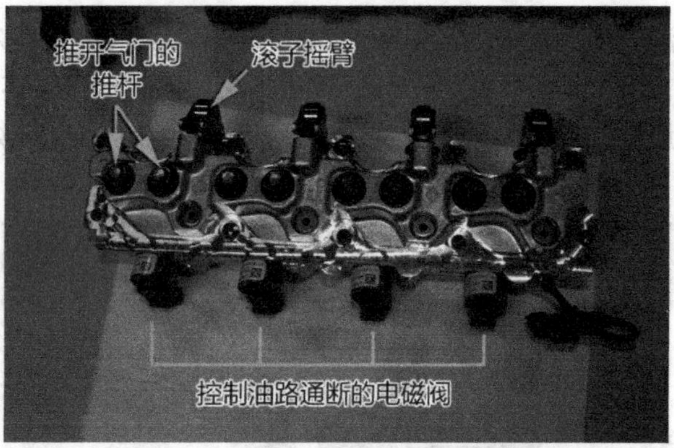

图 1.3.5　电控液压进气系统控制总成

4. 自动变速器

自动变速器通过完善内部结构、逐步细分挡位和增加多种驾驶模式，使之能够与发动机更完美地匹配，如图 1.3.6 所示。现代车辆的变速器已经能够满足驾驶员在多种路况下的驾驶需要。

图 1.3.6　自动变速器

5. 电控悬架技术

电控悬架技术是通过采用液压、气压以及电磁体作为悬架传力介质的，如图 1.3.7 所示。可事先通过人工选择悬架特性或者通过车辆主动适应行驶工况的方式来改变其弹性元件的刚度、减振器的阻尼力和车身高度，以保证汽车能够平稳行驶。

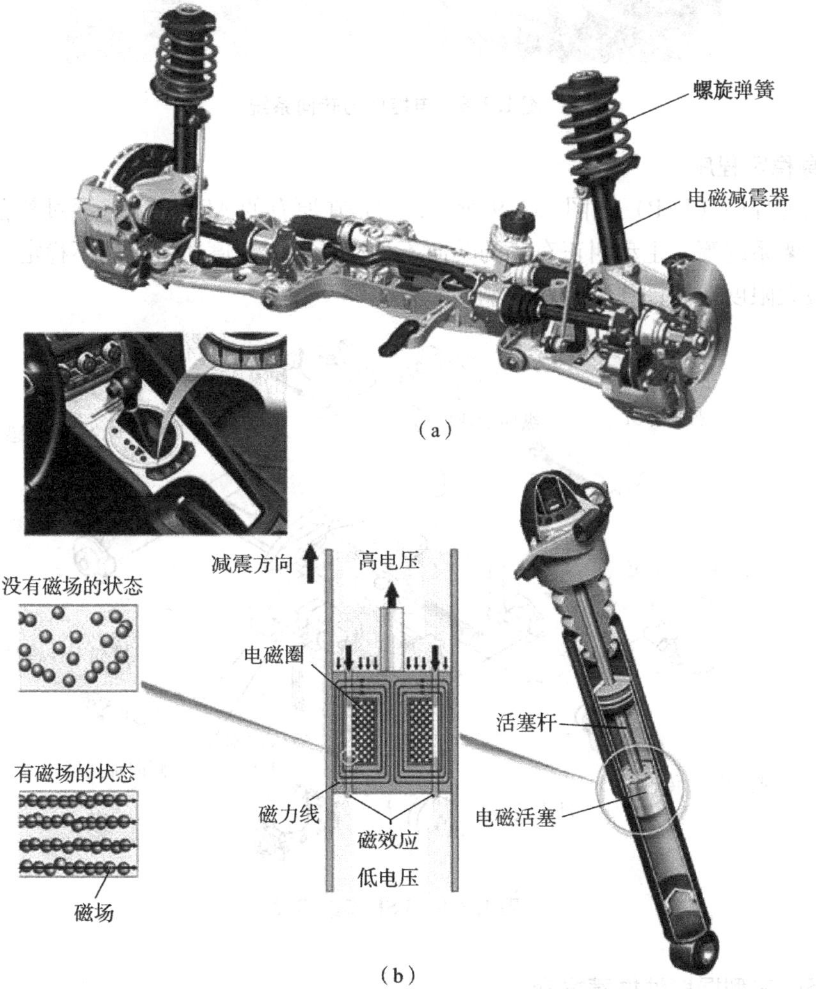

图 1.3.7　电控悬架系统

(a) 奥迪电磁减振器构造；(b) 电磁减振器工作原理

6. 电控助力转向系统

电控助力转向系统如图 1.3.8 所示，它能根据驾驶员的意图及路况，通过调整和校正汽车转向系统的具体传动，以保证车辆的转向及回正能够达到低速轻便、高速沉稳的目标，从而提高汽车的机动性。

图 1.3.8　电控助力转向系统

7. 车身稳定程序

车身稳定程序（ESP）如图 1.3.9 所示，它是在原有的 ABS 之上，通过整合电控转向系统、电控悬架系统等，主动纠正车辆的转向不足以及转向过度所带来的不稳定工况，防患于未然，并最大限度地保证驾驶员及车辆的安全。

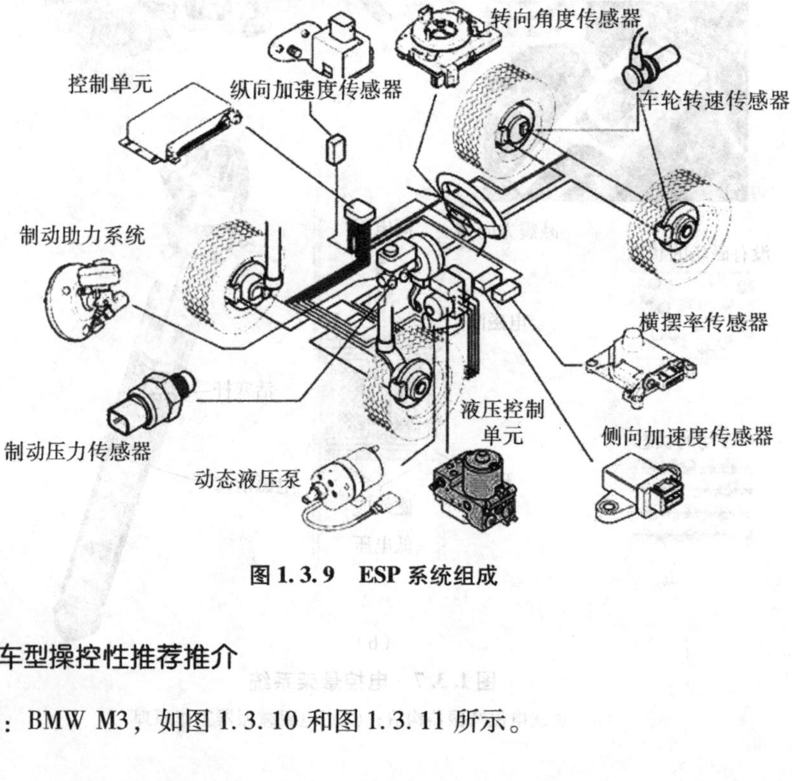

图 1.3.9　ESP 系统组成

四、经典车型操控性推荐推介

（1）车型：BMW M3，如图 1.3.10 和图 1.3.11 所示。

图 1.3.10　BMW M3 正面

图 1.3.11　BMW M3 侧面

（2）发动机：BMW M3 的发动机是 M 直列 6 缸双涡轮增压发动机，如图 1.3.12 所示。

图 1.3.12　BMW M3 发动机

3.0 L M 直列 6 缸双涡轮增压发动机完美地融合了两项最佳特性，即高达 7 300 r/min 的高转速特性以及最高 550 N · m 扭矩的强劲动力。输出功率为 317 kW（431ps）的 M 发动机使车辆从静止加速到 100 km/h 仅需 4.1 s。

双涡轮增压燃油直喷系统和典型的 M 优化调校技术能确保发动机对即使是最轻微的油门踏板踩踏动作也能做出直接响应，并输出澎湃的动力和卓越的扭矩。

凭借能媲美赛车的冷却系统以及附加的油底壳盖和排油泵，M 发动机可随时应对一切挑战。其无套的结构或质量更小的锻造曲轴等多项创新技术延续了智能轻量化的概念，并改善了车辆的动态性和加速性能，从而降低了耗油量，实现了几乎 50∶50 的最佳质量分配。最终，使车辆获得了无与伦比的驾驶灵活性，并通过独特的 M 发动机轰鸣声将其彰显无遗。

（3）主动 M 差速锁：主动 M 差速锁能够在变道、加速出弯、高速进弯或在崎岖路面上行驶时带来最佳的牵引力和行驶稳定性，如图 1.3.13 所示。通过电控装置可以优化牵引力，并减小后轮间的转速差。

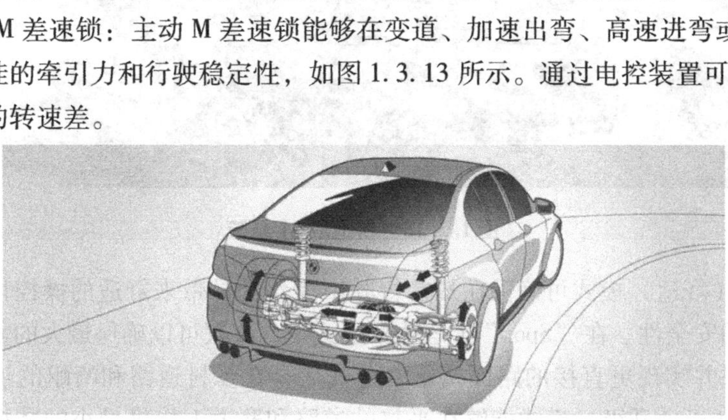

图 1.3.13　主动 M 差速锁

（4）起跑控制模式：起跑控制模式使发动机从静止起步时就可达到实现最大加速性能的工作温度，如图 1.3.14 所示。只需关闭动态稳定控制系统（DSC），并依靠驾驶模式 3 选择顺序模式，然后用力踩住制动踏板并踩下油门踏板，直至强制降挡为止。

图 1.3.14　起跑控制模式

当组合仪表显示屏的起步标记符号亮起后，松开油门踏板，此时，发动机将达到最佳起步转速。当保持强制降挡时，松开制动踏板，车辆随后加速至最高速度，直至松开油门踏板为止。离合器变速箱会持续调节换挡点，以便在升挡时获得相应的最佳发动机转速。该功能是专为偏爱动感及运动风格的驾驶员设计的。

（5）智能轻量化结构：在 M 车辆中，轻量化结构是重中之重。较小的质量是确保最佳动态驾驶性能和卓越效率的基础。其许多部件使用了镁、铝或碳纤维加强塑料（CFRP）等超轻的材料。这有助于提高汽车的灵活性和动态性，从而改善其加速性能和制动效果。

（6）自适应 M 悬架：自适应 M 悬架的电控撞击吸能器可持续根据路况和驾驶风格进行瞬间调整，如图 1.3.15 所示，这有助于确保在每种情况下车辆均可获得最佳的路面接触力、最大的牵引力和更出色的灵活操控性。通过“Comfort”（舒适）、“Sport”（运动）和“Sport +”（运动升级）模式，可以将悬架设置从舒适调整为运动。

图 1.3.15　自适应 M 悬架

“Comfort”（舒适）模式可确保在日常行驶中为驾驶员带来舒适的操控性，同时还能提高突然转向时的安全性。在“Sport”（运动）模式下，不仅可以确保最大的舒适性，同时还能降低减振效果并实现更直接的路面接触，尤其适合在乡村道路和崎岖的道路上行驶时使用。“Sport +”（运动升级）模式能够在平整的道路和赛道上提供最小的减振效果和最大的动态驾驶性能。

（7）制动系统：制动系统是确保在全新 BMW M3 中获得极致驾驶体验的一个决定性因素。凭借无与伦比的精准性，M 碳陶瓷刹车系统和 M 复合制动系统可确保车辆具有卓越的动态性和性能。

M 碳陶瓷刹车系统能更直接地施加制动力，如图 1.3.16 所示。它不会腐蚀且耐高温，并具有极强的抗磨损性，有助于减小车辆的质量，从而改善车辆的灵活性、动态性和加速性能。带 M 标志的金色金属漆面制动卡钳使这一特殊技术装备从车辆外部就可以看到。

图 1.3.16　M 碳陶瓷刹车系统

各种材料的搭配使用使得 M 复合制动系统可确保车辆具有出众的减速性能、更高的稳定性以及更长的使用寿命。同样，它们使得车辆的质量更小，更有助于提高车辆的灵活性、动态性和加速性能。带 M 标志的蓝色金属漆面制动卡钳堪称高性能复合制动系统的标志。

（8）M 伺服式助力转向系统：M 伺服式助力转向系统可根据当前车速调整转向力，并确保车辆在高速行驶时能提供直接精准的转向响应性，如图 1.3.17 所示。此外，通过在转向时最大限度地减小所需的作用力，以及在驻车、挪车或引导进入狭窄或蜿蜒道路时确保最大的灵活性，伺服式助力转向系统还能确保极佳的舒适性。

图 1.3.17　M 伺服式助力转向系统

（9）带Drivelogic系统的七速双离合器变速箱：采用Drivelogic的离合器变速箱是一款创新型七速双离合器变速箱，是专为BMW M高转速发动机设计的，如图1.3.18所示。该系统具有优化牵引力的自动换挡、起步控制、低速辅助以及发动机节能起停功能。它支持极快换挡，并且完全不会中断驱动力。

图1.3.18　七速双离合器变速器

它的两个副变速箱均配有单独的离合器，可以持续将发动机的动力输送至后轮。系统可以自动控制，或者利用方向盘上的换挡拨片或换挡杆手动换挡。和支持最佳起步加速的起步控制系统一样，驾驶员同样能够获得极具动感的驾驶体验。它不仅可以实现在高速时换挡，同时还无须使用离合器，并且不会造成任何动力传输的中断。Drivelogic可以采用自动模式（D模式）或手动模式（S模式）进行控制，无论选择哪种模式，它均可提供三种换挡选项，即极致运动、舒适和省油。

任务1.4　汽车安全性分析与评价

一、汽车安全性的定义

（1）主动安全性：它是指汽车本身防止或减少道路交通事故发生的性能。

（2）被动安全性：它是指汽车发生事故后，汽车本身减轻人员伤亡或减少货物受损的性能。

二、汽车安全性的主要评价指标

（1）主动安全性：它主要取决于汽车的尺寸和整备质量参数、制动性、行驶稳定性、操纵性以及信息性。

（2）被动安全性：它主要包括制动距离、制动时间、制动减速率和制动效能（热衰退性）等几项评价指标。一辆“安全车”应达到最基本的标准是：NCAP碰撞测试成绩4星级以上。

三、汽车安全性的相关先进技术

1. 牵引力控制系统（TCS/ASR/TRC/ATC）

TCS的英文全称是Traction Control System，即牵引力控制系统，又称循迹控制系统。汽车在起步或急加速时，其驱动轮有可能打滑，在冰雪等光滑路面上还会因为方向失控而发生危险，TCS 就是针对此问题而设计的。当 TCS 依靠电子传感器探测到从动轮速度低于驱动轮时（这是打滑的特征），就会发出一个信号，以调节点火时间、减小气门开度、减小油门、降挡或制动车轮，从而使车轮不再打滑。TCS 可以提高汽车行驶的稳定性和加速性，并提高汽车爬坡的能力。

2. 防抱死制动系统（ABS，Anti - lock Brake System）

在没有 ABS 时，如果紧急刹车一般会造成轮胎抱死的现象，由于抱死之后轮胎与地面间的摩擦是滑动摩擦，所以刹车的距离会变长。如果前轮锁死，则车子会失去侧向转向力，容易跑偏；如果后轮锁死，后轮将失去侧向抓地力，容易发生甩尾。特别是在积雪路面上，当紧急制动时，更容易发生上述情况。ABS 是通过控制刹车油压的收放来达到对车轮抱死的控制，其工作过程实际上是抱死—松开—抱死—松开的循环过程，以使得车辆始终处于临界抱死的间隙滚动状态。

3. 制动辅助系统（BAS，Brake Assist System）

紧急情况下，有 90% 的汽车驾驶员在踩刹车时缺乏果断，制动辅助系统正是针对这一情况而设计的，它可以从驾驶员踩制动踏板的速度中探测到车辆行驶中遇到的情况，当驾驶员在紧急情况下迅速踩制动踏板，但踩踏力又不足时，此系统便会协助驾驶员在不到 1 s 的时间内将制动力增至最大，以缩短在紧急制动情况下的刹车距离。

4. 下坡行车辅助控制（DAC，Down - hill Assist Control）系统

与发动机制动的原理相同，为了避免制动系统的负荷过大，并减轻驾驶员的负担，下坡辅助控制在分动器上位于 L 位置，且当车速为 5 ~ 25 km/h 并处于打开 DAC 开关的情况下，不需要踩加速踏板和制动踏板，下坡行车辅助控制系统就可以自动把车速控制在适当水平。下坡行车辅助控制系统工作时停车灯会自动点亮。

5. 车身动态控制（DSC，Dynamic Stability Control）系统

BMW 自主开发的 DSC 系统中集成了自动稳定控制系统和牵引力控制系统，它能够通过对出现滑转趋势的驱动轮进行选择制动来控制驱动轮的滑转状态，从而相应地对车辆起到稳定作用。而在冰雪路面、沙漠或砂砾路面上，驾驶员只需按下一个按钮就可以使车辆进入 DSC 模式，从而增强车辆在上述路面上的牵引力。

6. 坡道起车控制（HAC，Hill - start Assist Control）系统

霍尔效应式车速传感器既可以感知车速又可以感知转子的旋转方向，并且灵敏度很高。当挡位位于前进挡，而车轮产生后退趋势时（上坡时驱动力不足），此系统会对车轮自动施加制动力，当车轮又继续向前运动时，制动力自动释放。此系统可以帮助驾驶员提高在坡路驾驶时的安全性。

7. 陡坡缓降控制（HDC，Hill Descent Control）系统

HDC 系统能主动感测坡道的斜度及路面状况，并自动控制抓地力、制动力及速度，以便在前进、后退时完全控制速度、稳定性及安全性，驾驶员则无须分心斟酌加速及刹车，只要操控好方向盘即可安全通过险恶地形。HDC 系统能够在陡峭的坡段上维持对汽车最佳的速度控制。对新手驾驶员而言，它可以让越野驾驶变得更简单而安全。

8. 紧急制动辅助（EBA，Electronic Brake Assist）装置

EBA 装置通过驾驶员踩踏制动踏板的速率来理解其制动行为，如果察觉到制动踏板的制动压力的恐慌性增加，EBA装置会在几毫秒内起动全部制动力，其速度要比大多数驾驶员移动脚的速度快得多。EBA装置可显著缩短紧急制动距离并有助于防止在停停走走的交通中发生追尾事故。

9. 电子制动力分配（EBD，Electric Brakeforce Distribution）

EBD的功能就是在汽车制动的瞬间，高速计算出四个轮胎由于附着不同而导致的不同的摩擦力数值，然后再通过调整制动装置，使其按照设定的程序在运动中高速调整，达到制动力与摩擦力（牵引力）的匹配，以保证车辆行驶平稳和安全。

10. 电子差速锁（EDS，Electronic Differential System）

EDS是ABS的一种扩展功能，用于鉴别汽车的轮子是不是失去着地摩擦力，从而对汽车的加速打滑进行控制。同普通车辆相比，带有EDS的车辆可以更好地利用地面附着力，从而提高车辆的运行性，尤其在倾斜的路面上，EDS的作用更加明显。但它有速度限制，只有在车速低于40 km/h时才会起动，主要用于防止起步和低速时发生打滑。

11. 电子稳定程序（ESP，Electronic Stability Program）

ESP可以监控汽车的行驶状态，并自动向一个或多个车轮施加制动力，以保持车子在正常的车道上运行，它甚至在某些情况下可以进行每秒150次的制动。ESP最重要的特点就是它的主动性，如果说ABS是被动地做出反应，而ESP却可以做到防患于未然。

12. 碰撞预防系统（Front Crash Prevention System）

近年来，越来越多的新车开始配置碰撞预防系统，这种系统有多种实现方式，如图1.4.1所示。其中一种为碰撞预警系统（Forward Collision Warning System），当系统检测到车辆即将撞上前面车辆的时候（无论是行驶还是静止状态），会通过声光以及振动的方式提醒驾驶员注意；也有部分系统结合了自动刹车（Automatic Braking System）的功能，会在发出提醒的同时自动刹车以降低速度来减少碰撞可能发生的损失。

图1.4.1 碰撞预防系统

13. 轮胎压力预警系统（TPMS，Tire Pressure Monitoring System）

轮胎压力预警系统如图1.4.2所示。其可分为两种，一种是间接式胎压监测系统，就是通过轮胎的转速差来判断轮胎是否异常；另一种是直接式胎压监测系统，就是通过在轮胎里面加装四个胎压监测传感器，在汽车静止或者行驶过程中对轮胎气压和温度进行实时自动监测，并对轮胎的高压、低压和高温状态进行及时报警，避免因轮胎故障而引发交通事故，确保行车安全。

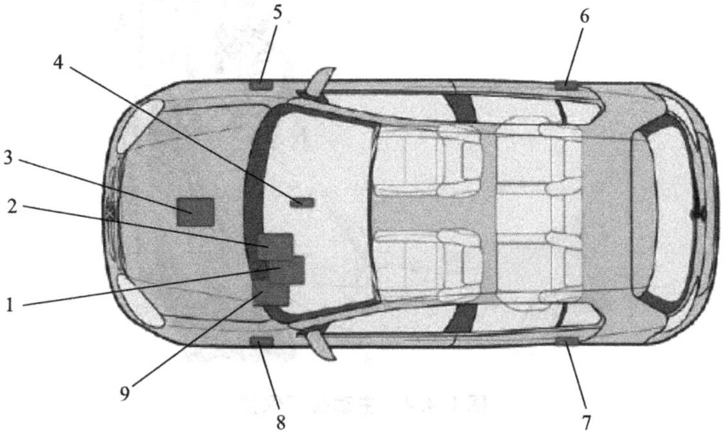

图 1.4.2　轮胎压力预警系统

1—J533 数据总线诊断接口；2—J285 组合仪表内控制单元；3—J104 ABS－控制单元；4—E492 轮胎监控显示系统按钮；5—G45 右前车轮转速传感器；6—G44 右后车轮转速传感器；7—G46 左后车轮转速传感器；8—G47 左前车轮转速传感器；9—J519 供电控制单元

14. 智能安全气囊

随着技术的发展，安全气囊也变得越来越“聪明”，例如在奔驰一些高档车型中便装备了阶段式安全气囊，这种气囊能根据撞击的力度分阶段弹出，以防止乘员因气囊弹出力度过猛而受到伤害，如图 1.4.3 所示。

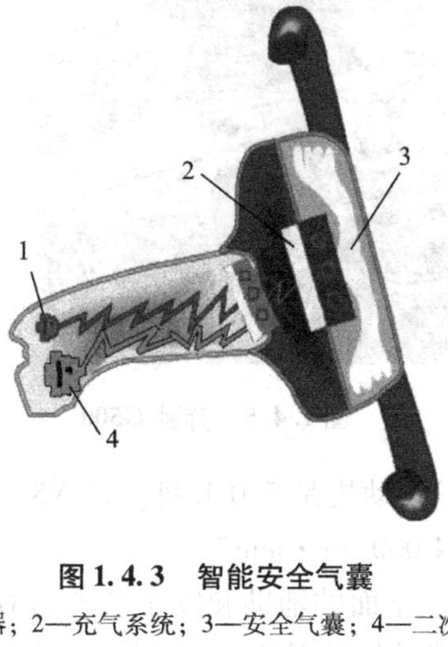

图 1.4.3　智能安全气囊

1—撞击传感器；2—充气系统；3—安全气囊；4—二次撞击传感器

15. 主动头部保护系统

通过合理的座椅与头枕设计能缓解汽车在碰撞时对乘员头部的瞬间撞击。其中沃尔沃品牌于 1999 年便首次为其 S80 轿车引入了 WHIPS 头部保护装置，如图 1.4.4 所示。

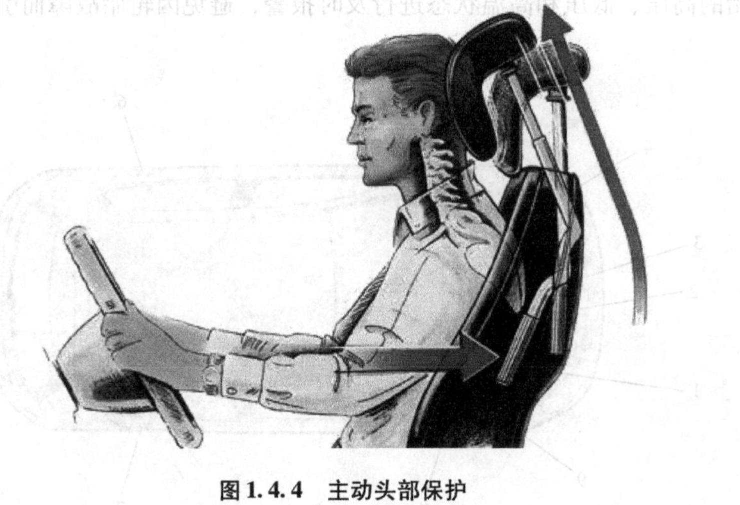

图 1.4.4　主动头部保护

16. 事故安全助手

当车辆发生事故后，其相关系统将立即采取相关措施以确保车内乘员的安全。如通用的 Onstar 系统，在交通事故发生后，便会通过 GPS 等卫星系统自动向相应的信息中心发出求救信号，以确保车内乘员在第一时间获救。而奔驰所具备的安全技术，则可以在车辆发生碰撞后自动关闭油路并解开门锁。

四、经典车型安全性推荐推介

（1）车型：奔驰 G500，如图 1.4.5 所示。

图 1.4.5　奔驰 G500

（2）发动机：奔驰 G500 的发动机是 5.0 L 排量的 V8 发动机，其最大功率为 216 kW，最大扭矩为 456 N · m/2 800 ~4 000（$r \cdot min^{-1}$）。

（3）重要安全技术：高效、全面的辅助和安全系统为 G 级越野车的驾驶员提供了卓越的安全保障，它在行驶过程中能及早发现和化解危险的情况。同时，G 级越野车还可在碰撞发生之前预先启用预防性保护措施，一旦碰撞发生，这些系统将最大限度地保护驾驶者及乘员的安全，让他们一路尽享无忧之旅。其内饰如图 1.4.6 所示。

①电控车辆稳定行驶系统（ESP）。

ESP 系统包括车辆或拖车稳定装置。它可在必要时对单个车轮选择性地施加制动力。该

图 1.4.6　奔驰 G500 内饰

系统搭配防抱死制动系统（ABS），可在转弯时增强车辆的稳定性。自适应制动系统的防溜车功能可在时走时停的交通状况下或等待交通信号灯时防止车辆意外向前或向后溜车。车辆或拖车稳定装置可防止车辆或拖车组合产生振动。

②LED 日间行驶灯。

LED 日间行驶灯是 G 级越野车独特的外观特征之一，它可以让其他驾驶员更容易看到该车辆。这些 LED 灯排列成灯带整合于大灯边框内。

③豪华碰撞响应式颈部保护头枕（NECK－PRO）。

前排座椅上的豪华碰撞响应式颈部保护头枕（NECK－PRO）有助于降低颈椎的过度屈伸损伤风险。在后向碰撞中，头枕可向前推动约 40 mm，并可向上推动约 30 mm，因此，它能够在碰撞的初始阶段为驾驶员及前排乘员的头部提供支撑。豪华碰撞响应式颈部保护头枕（NECK－PRO）上带有挠性靠背侧面支撑，能够提供更好的横向支撑并能增强座椅的舒适性。

④安全气囊。

G 级越野车为驾驶员和前排乘员配备标准安全气囊。此外，驾驶员侧安全气囊在发生事故时能进行自适应响应，并根据预测的碰撞严重程度和事故特性对安全气囊进行一级或二级触发。G 级越野车还额外配备有大尺寸车窗安全气囊，它可覆盖两排座椅。

⑤智能化辅助系统和可调式座椅能令驾驶员尽享舒适、惬意之旅，如图 1.4.7 所示。

图 1.4.7　智能化辅助系统

⑥后视摄像头。

后视摄像头能使用广角镜探测车辆正后方的区域，并将图像发送至 COMAND 显示屏。挂入倒挡后，后视摄像头自动启用，令驶入停车位时的挪车动作更加安全。后视摄像头仅搭配选装的驻车定位系统提供。

⑦驻车定位系统（PARKTRONIC）。

在驻车或挪车时，如果车辆前部或后方的空间过窄，驻车定位系统就会自动向驾驶员发出警告。该系统基于回声探测器的工作原理，其前、后保险杠上的传感器能发出超声波信号，然后由其他车辆或障碍物反射回来。微型电脑会计算当前距离，并通过在仪表盘上显示信息以及发出音频信号告知驾驶员。

任务 1.5 汽车舒适性分析与评价

一、汽车舒适性的主要指标介绍

汽车舒适性是指汽车为乘员提供舒适、愉快的乘坐环境，货物的安全运输和方便安全的操作条件的性能。它不仅与车身的固有振动特性有关，而且还受到乘坐环境、乘员的生理及心理状况等主观因素的影响。

目前，对汽车智能科技的研究与应用针对的是提高汽车的安全性、舒适性，以及提供优良的人车交互界面等方面，这些举措已经成为世界车辆工程领域研究的热点和汽车工业增长的新动力。

汽车舒适性的主要评价指标包括汽车平顺性、汽车噪声、汽车空气调节性能、汽车乘坐环境及驾驶操作性能等。舒适性是现代高速、高效率汽车的一个主要性能。

1. 汽车平顺性

汽车平顺性就是保持汽车在行驶过程中乘员所处的振动环境具有一定舒适度的性能。对于载货汽车，汽车平顺性还包括保持货物完好的性能。汽车行驶时，路面不平等因素会引起汽车的振动。振动会影响人的舒适感、工作效率和身体健康，并影响所运货物的完好程度。振动还会在汽车上产生动载荷，加速零件的磨损，从而导致疲劳失效。因此，减少汽车振动是汽车平顺性研究的主要问题，如图 1.5.1 所示。

图 1.5.1 汽车振动测试

2. 汽车噪声

噪声是指人们不需要并希望利用一定的控制措施加以消除的各种声音的总称。噪声会影响人与人之间的语言交谈，降低人的工作能力，并且会对人的身体健康产生不良影响，如影响中枢神经及消化系统，导致人的听力减退甚至失聪。

汽车噪声包括发动机噪声、传动系统噪声、轮胎噪声、空气动力噪声、车身振动噪声、排气噪声等，如图 1. 5. 2 所示。

图 1. 5. 2　汽车噪声

3. 汽车空气调节性能

汽车空气调节性能是指对车内空气的温度、湿度和粉尘浓度实现控制调节，使得车内空气经常保持能让乘员感觉舒适的状态。汽车空调是改善工作条件、提高工作效率的重要手段，如图 1. 5. 3 所示。

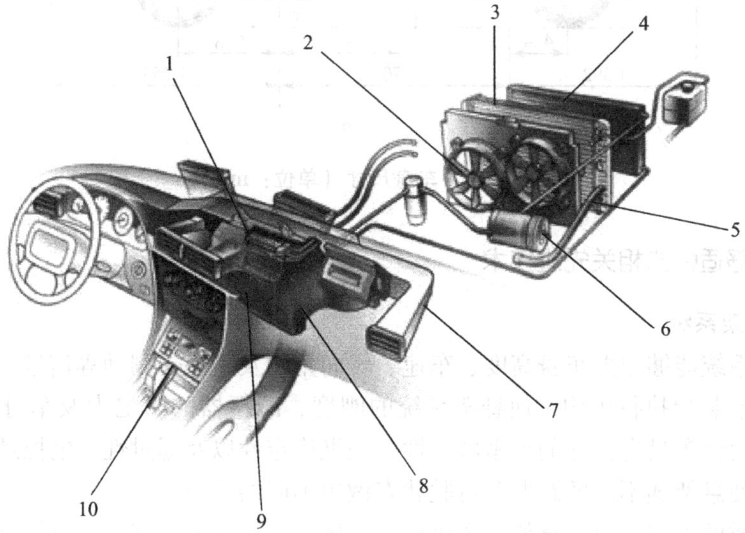

图 1. 5. 3　汽车空调

1—暖风滤芯；2—冷却风扇；3—水箱；4—冷凝器；5—空调管路；
6—压缩机；7—空调风道；8—空调箱总成；9—蒸发器芯体；10—控制器

4. 汽车乘坐环境及驾驶操作性能

汽车乘坐环境及驾驶操作性能是指乘坐空间的大小、座椅及操纵件的布置、车内装饰、仪表信号设备的易辨认性等。随着现代文明的进步，汽车越来越多地介入了社会生活的各个方面，并成为与人们工作和生活紧密相关的、大众化的产品，汽车作为“活动房间”的功能也日趋完善。与汽车的其他性能不同，在汽车舒适性各方面的评价都与人体的主观感觉直接相关，如图 1.5.4 所示。

(a)

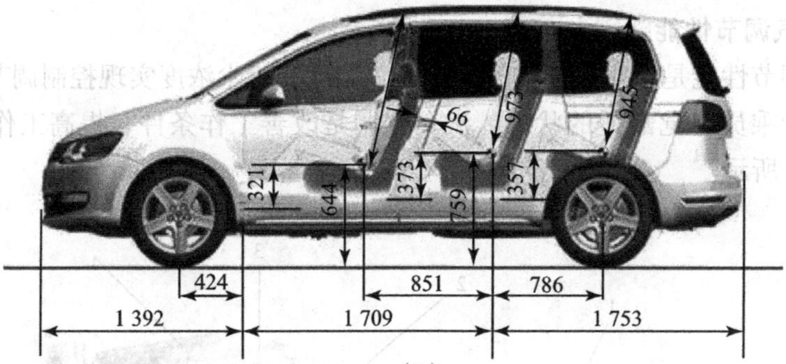

(b)

图 1.5.4 车身尺寸（单位：mm）

二、汽车舒适性的相关先进技术

1. 电控悬架系统

电控悬架系统能够根据车身高度、车速、转向角度及速率、制动等信号，由电子控制单元（ECU）控制悬架执行机构，使悬架系统的刚度、减振器的阻尼力及车身高度等参数得以改变，从而使汽车具有良好的乘坐舒适性、操纵稳定性以及通过性。电控悬架系统的最大优点就是它能使悬架随不同的路况和行驶状态做出不同的反应。

按传力介质的不同，电控悬架系统可分为气压式电控悬架、液压式电控悬架以及电磁控制式电控悬架等类型，如图 1.5.5 所示。

2. 电控动力转向系统

所谓电控动力转向系统，就是在传统机械式转向系统之上增设了传感器与电子控制单元及其他相关装置的系统，如图 1.5.6 所示。它能根据车辆的行驶速度、转向角度、转向速率和转向力矩等信息，适时地提供辅助力矩。

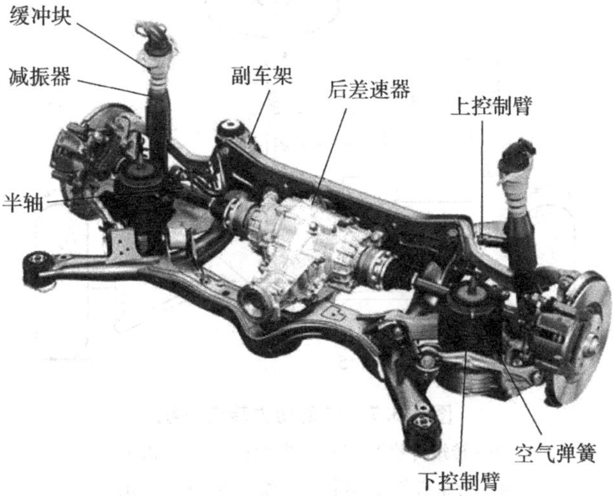

图 1.5.5　电控悬架系统

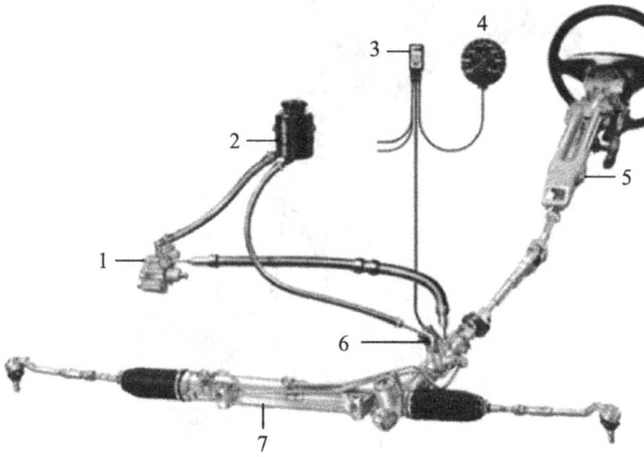

图 1.5.6　电控液压动力转向系统

1—液压助力泵；2—助力液储液罐；3—控制单元；4—车速表；
5—可调式转向柱；6—电磁阀；7—液压助力齿轮齿条机构

有的电控动力转向系统还能够与电控悬架系统协调工作，以保证车辆行驶的平顺性及安全性，并降低驾驶者的操作强度。它通常分为电控液压动力转向系统和电动助力转向系统，如图 1.5.7 所示。

3. 主动降噪技术

主动降噪的原理说起来很简单，它类似于我们日常使用的降噪耳机，如图 1.5.8 所示。两个频率和幅值相同，相位相差 180°的正弦波相叠加后会互相抵消。

其工作原理为：在车舱内特定区域安装的麦克风接收到的噪声信号与发动机的转数信息会输入到车载功放，而功放会利用其内部独特的算法，令车载扬声器发出一个与引擎二次谐波噪声反相的波形。

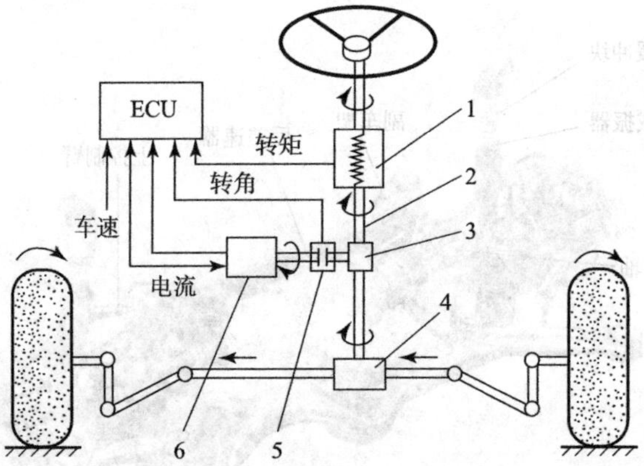

图 1.5.7　电动助力转向系统

1—转矩传感器；2—转向轴；3—减速机构；
4—齿轮齿条转向器；5—离合器；6—电动机

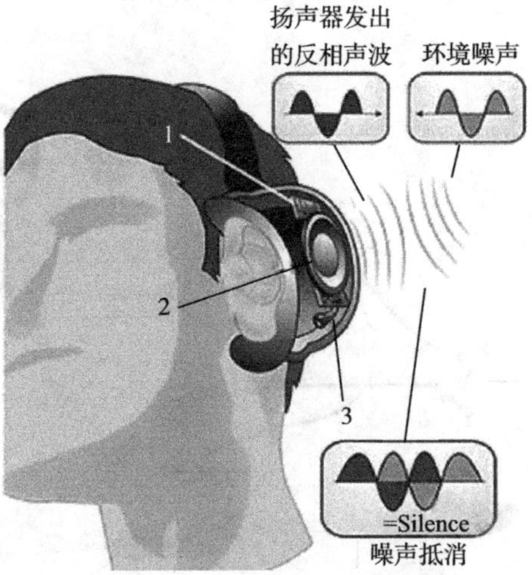

图 1.5.8　降噪耳机工作原理

1—降噪电路；2—扬声器；3—麦克风

由于波的干涉效应，两个反相波形的声波在空中相遇时会相互抵消，从而使得车舱内的二次谐波噪声水平大幅降低。而车内安装的麦克风能持续监测、测量动力系统传导到车舱内的噪声，并实时调控扬声器发出的反相波的波形和幅度，从而让车内乘员摆脱车辆运行时的噪声干扰。

4. 自动空调系统

自动空调系统可以根据驾乘人员的要求，对车内空气的温度、湿度、清洁度、风量和风向等进行自动调节，给乘员提供一个良好的乘车环境，并保证在各种外界气候和条件下都能使乘员处于一个舒适的空气环境中，如图 1.5.9 所示。

全自动空调系统可以实现以下几方面的功能：

1）汽车空调自动调节功能

电控单元将根据驾驶员或乘员通过空调显示控制面板上的按钮进行的设定，使空调系统

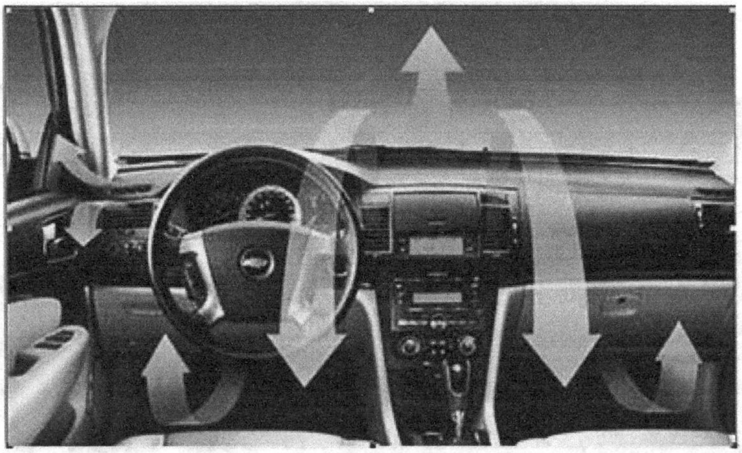

图 1.5.9　自动空调系统

自动运行，并根据各种传感器输入的信号，对送风温度和送风速度及时地进行调整，使车内的空气环境保持最佳状态。驾驶员还可以根据气候变化通过选择送风口来改变车内的温度分布，如图 1.5.10 所示。

图 1.5.10　空调显示控制面板

2）经济运行控制功能

当车外温度与设定的车内温度较为接近时，电控单元可以缩短制冷压缩机的工作时间，甚至在不起动压缩机的情况下就能使车内温度保持设定状态，以达到节能目的，如图 1.5.11 所示。

3）全面的显示功能

通过安置在汽车仪表盘上的空调显示控制面板，可以随时显示当时的设置温度、车内温度、车外温度、送风速度、回风和送风口状态以及空调系统的运行方式等信息，使驾驶员能够及时并全面地了解空调系统的工作状态，如图 1.5.12 所示。

图 1.5.11　经济模式

图 1.5.12　空调显示

三、经典车型舒适性推荐推介

（1）车型：全新雷克萨斯 GX 400，如图 1.5.13 所示。

（2）舒适性推荐。

①宽敞的空间及三排电动收放座椅。

GX 400 拥有宽敞舒适的内部空间，可轻松容纳三排座椅，如图 1.5.14 所示。前、中、后排座椅排布数量分别为 2-3-2，其中第二排座椅可按 40∶20∶40 的比例折叠放倒，而第三排座椅可通过按钮自动折叠放倒，创造平坦而宽敞的行李空间。而当第三排座椅放倒时，则能提供 553 L 的超大容积。同时，通过降低第三排座椅脚下底板的高度可增加腿部空间及加大座椅的后倾角度。

图 1.5.13　雷克萨斯 GX 400

图 1.5.14　GX 400 的内部空间

②雷克萨斯导航系统。

雷克萨斯 GX 搭载的导航系统，只需一键轻触，即可坐拥专业领航员般的便捷体验，如图 1.5.15 所示。

大型交叉路口引导系统，在遇到复杂十字路口或大型立交桥时，该系统会通过语音以及路口扩大图的方式指引正确的路线。

道路指示牌显示功能能够在导航画面上同步显示出道路的指示牌，并根据所设定的目的地，在指示牌上标明需要行进的方向。

目的地一键设定功能可以在车辆起动后，让导航优先显示之前预设的目的地，以及到达该地所需的时间和距离。

图 1.5.15　GX 400 导航系统

③三区域独立控制自动空调系统。

GX 400 采用了先进的三区域独立控制自动空调系统，能够分别对驾驶员席、前排乘员席及后排座椅进行分区温度控制，并配合前排座椅的通风功能、前排及第二排外侧座椅的加热功能及方向盘加热功能，提供给驾乘人员卓越的舒适感受。其空调滤芯具有灰尘捕捉及污染物清洁的功能，智能空调系统能将清洁的空气优先并定向吹送至乘员脸部前面，从而营造出清新舒适的内室环境，如图 1. 5. 16 所示。

图 1. 5. 16　GX 400 空调系统

④方向盘加热功能。

方向盘加热功能可使实木方向盘的真皮部分在短时间内升温，如图 1. 5. 17 所示，让驾驶员即便在寒冷的天气状况下，也能拥有良好的握感。

图 1. 5. 17　方向盘加热

⑤高级音响及多媒体系统。

与世界音响知名品牌 Mark Levinson 联袂打造的专业高端音响系统，配备 17 个扬声器和额定功率为 330 W 的功率放大器，为您实现更完美的音场效果。专业级 7. 1 声道杜比环绕声效，让车内的每一位乘员都能享受到激动人心的醇美音乐，如图 1. 5. 18 所示。

多媒体系统将多功能显示操作系统 EMV、更为精准快速的导航系统以及影音温控等诸多人性化智能科技合而为一，令便捷愉悦的感受相随于乘员的每一段非凡旅程。

⑥半苯胺高级真皮内饰。

图 1.5.18　GX 400 音响系统

精心鞣制的半苯胺真皮内饰所带来的非凡质感，从触摸的那一瞬间开始。为甄选出适宜使用的上好皮革，制革专家们往往需要历时数月，为乘员带来上乘的触觉享受，如图 1.5.19 所示。

图 1.5.19　GX 400 真皮内饰

⑦ 5 速电子控制自动变速系统。

GX 400 配备的 5 速自动变速箱如图 1.5.20 所示，它具备人工智能换挡科技，能根据路况及驾驶员的操作习惯，进行智能换挡操作，并减少不必要的加减挡，以增加驾乘的平顺性及舒适度，同时提高车辆的燃油经济性。动力控制系统的增强及行星齿轮轮齿表面精度的提高，令该款变速系统能够提供优于以往的舒适感受，使驾驶员在宁静、平顺的环境中尽享驾驶的乐趣。

⑧电子动态悬架系统（KDSS）。

电子动态悬架系统如图 1.5.21 所示，它通过液压系统能实时调节前后平衡杆，并能够提供更长的悬架行程、更强的通过性及更好的车身动态稳定性，以轻松实现各种路况下的良好行驶状态。当平直前行时，液压阀打开，储液器会吸收路面起伏产生的跳动；当转弯时，液压阀关闭，以限制液压缸的行程，从而保持稳定的行驶。

图 1.5.20　GX 400 变速箱

图 1.5.21　电子动态悬架系统

项目 2

轿车车型选购

任务 2.1　5 万 ~8 万小型（A0 级）入门级三厢轿车的选购

一、起亚 K2 车型介绍及推荐

1. 车型概述

1）东风悦达起亚汽车有限公司简介

东风悦达起亚汽车有限公司是由东风汽车公司、江苏悦达投资股份有限公司和韩国起亚自动车株式会社共同组建的中外合资轿车制造企业。其主要产品有新 K5、K4、K3、K3S、K2/K2 两厢、新智跑、新狮跑、新秀尔、新福瑞迪和赛拉图等车型。这些产品是以先进技术精心打造的，市场竞争力极强。

东风汽车公司始建于 1969 年，是中国汽车行业的骨干企业。其主营业务包括全系列商用车、乘用车、汽车零部件和汽车装备。目前，其整车业务产品结构基本形成了商用车、乘用车各占一半的格局。江苏悦达集团是全国 520 户重点大型国有企业之一，位居全国重点规模企业前百强。该企业以汽车和纺织业为两大支柱，采取多元化经营，并形成了工业制造、能源矿产、公路投资和现代服务业四大产业集群。

起亚汽车有限公司成立于 1944 年。起亚汽车秉持“以顾客为中心”的经营理念，其获得过“韩国价值经营大奖”、“西格玛国家品质革新奖”、英国“年度汽车企业奖”和美国 J. D. Power“两年产品质量提高最快的企业”等多项国际殊荣。

2）企业的造车理念

（1）企业的经营理念：智造经典 + 惠创未来。

未来是智能化的世界，只有抢先占领智能化的制高点，才能引领行业，开创变革。通过生产智能化、管理智能化、产品智能化和服务智能化，创造经典产品，塑造经典品牌，打造经典企业，营造经典生活。

以远大志向为指引，以持续创新和高效执行为保障，怀抱梦想，不断树立更新更远的目标，开创未来汽车生活新模式，推动汽车社会发展。

（2）企业的愿景：让汽车生活更精彩。

人、汽车和生活融为一体，汽车成为人们未来生活的忠实伴侣，成为未来生活的组成部分，成为未来生活的全新模式。

①汽车可以作为多种活动的空间。

②提供移动和通讯的全方位综合服务。

③通过技术革新使前沿技术大众化。

2. 六方位介绍

1）正面

在设计之初，起亚 K2 便刻意被打造成高品质的微型车，它将欧洲的掀背小车作为产品最初的开发理念。事实上，正是这样的初衷让起亚 K2 焕然一新。起亚 K2 的外形圆润、线条流畅，轮廓虽谈不上硬朗，但却充满动感，前低后高的俯冲造型让起亚 K2 看起来英气逼人，让人感觉一股阳光的气息扑面而来。大嘴造型应该是起亚 K2 重新定义后最大的亮点，一体式中网设计让车头部分的整体性非常强，而不需要考虑进气格栅和车牌架以及中网和保险杠的相互协调，其正面造型如图 2. 1. 1 所示。

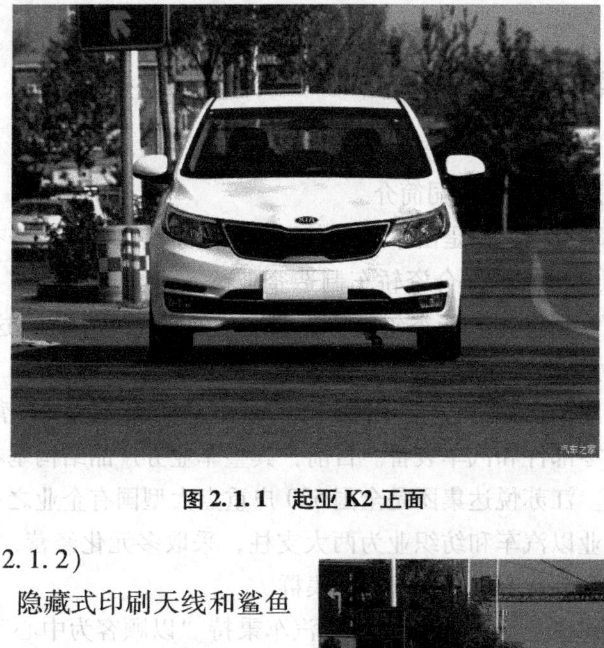

图 2. 1. 1　起亚 K2 正面

2）侧面（见图 2. 1. 2）

图 2. 1. 2　起亚 K2 侧面

（1）F（属性）：隐藏式印刷天线和鲨鱼鳍车顶天线。

（2）A（优势）：

①两根收音机天线集成在后风窗内，并与后风窗电热丝垂直。

②车顶的鲨鱼鳍天线为导航系统专用，属于内装式结构。

③导航车型的天线为真天线，非导航车型的天线仅具有装饰性。

（3）B（利益）：

①专线专用，信号衰减小，覆盖面广，不影响后方视野。

②设计时尚潮流，且安全防盗，能减少损失。

③低风阻设计，能有效减少气流噪声；防静电设计，在干燥天气中，能避免静电的侵扰。

3）侧方45°

（1）F（属性）：高亮黑A/B/C柱装饰板，如图2.1.3所示。

（2）A（优势）：

①在A/B/C柱安装高光亮黑装饰板，钢琴烤漆工艺。

②饰板造型贴合车身曲面，配合车窗镀铬饰条，形成视觉美感。

（3）B（利益）：符合国人的审美标准，提升整车品质。

图2.1.3　起亚K2侧方45°，A/B/C柱

4）后方

与车头部分的娇柔风格不太相同，其车尾部分没有再采用任何的弧形线条，而几乎全部采用看起来强硬的平直线条，例如尾灯，其外围灯组看起来坚硬结实，中间的圆形灯组看起来也不再是轻松可爱的风格。掀背式后备厢下沿也采用了更多的直角设计元素。这样的设计让后备厢舱门有了更多的设计余地，同时避免了空间的浪费。即便如此，我们看到的后备厢依然还是“微车”级别的，如图2.1.4所示。

图2.1.4　起亚K2后方

5）驾驶室

起亚K2内饰的设计风格清新，显然更多的是为了取悦年轻用户。它的座椅及中控台都采用深浅双色搭配，运动气息浓厚，且不会有小车常见的浮躁感，而一些银色装点则成为其内饰的亮点。其扎实的整体做工秉承了铃木在制造小车方面的理念，其内饰的工艺水平很高，模具扎实，用料更体现了实用的原则，且塑料组件表面光滑，摸上去材质偏软，手感不错。

它的中控台整体较细长，由于按键并不是非常多，所以键区分布并不会显得很密集。中控台最上面的金属色涂装的U形键区是音响控制面板，这个部分的位置大致与方向盘的中心部位齐高，所以在驾驶时使用也会非常方便。单碟CD、AUX外接MP3以及前两侧的四个扬声器足够满足普通家庭用户的使用要求。在使用中，我们发现其音响控制居然集成了音乐均衡效果器设定功能，并有爵士、古典、摇滚和流行等EQ可供选择，使用时，驾乘人员可以根据自己的音乐喜好挑选不同的音场效果，如图2.1.5所示。

图2.1.5　起亚K2驾驶室

6）发动机舱

（1）F（属性）：全新EA888 TSI发动机，如图2.1.6所示。

（2）A（优势）：

①尾翼采用仿生学鸭尾设计。

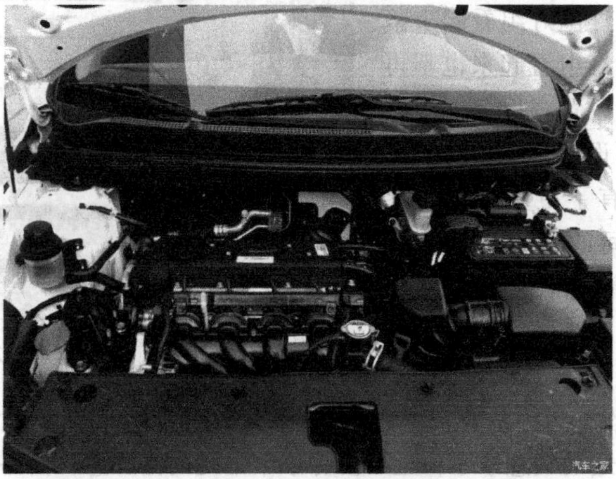

图2.1.6　起亚K2发动机舱

②中央立体感切线与后保险杠上部形成跨越平面。

③LED 光源经过离散材料灯带散发，形成光线均匀的尾灯。

④牌照框布置于保险杠下方。

（3）B（利益）：

①轿跑风格尾翼更具运动气息，同时又能确保高速行驶时的尾部下压力，使车辆在高速行驶时更加稳定。

②牌照框下移的设计可避免由于频繁开关后备厢盖而导致的螺丝松动，从而避免产生异响或因螺丝丢失而造成损失。

3. 核心卖点介绍

1）外观和尺寸

两厢 K2 的前脸运用了大量的线条装饰，灯组的样式也经过细心推敲，整体给人一种时尚小胖子的感觉。“砍去”尾巴之后的两厢 K2 并没有失去其协调性，其短小的尾部设计相信能够博得不少年轻人的认可。其尾部的线条比前脸要简洁得多，而尾灯部位稍微凸出的设计也让整体感觉更加丰满与厚实。

两厢 K2 的车身尺寸为 4 120 mm×1 700 mm×1 460 mm，轴距为 2 570 mm。在车身长度方面，它比三厢版本短了 250 mm，整体感觉更加紧凑，且没有丝毫“赘肉”。2 570 mm 的轴距在同级别车型中显得很突出，其车轮比较靠近车身的四角，这个设计对于车内空间的最大化利用很有帮助，如图 2.1.7 所示。

图 2.1.7　起亚 K2 尾部设计及整车尺寸

2）车轮及轮毂

其顶配车型采用了非常抢眼的多幅式铝合金轮毂，而轮胎则使用了以经济性能为主的韩泰 OPTIMO H426 轮胎，其规格为 195/50 R16，如图 2.1.8 所示。这款轮胎在不少品牌的量产车上使用，在东风悦达起亚的多款车型上也可以看到。作为一款性能比较均衡的轮胎，尽管 OPTIMO H426 的性能算不上优秀，但其经济性还算突出。

3）颜色

在图 2.1.9 中所示的广场上停着八种颜色的 K2 汽车，其中每种颜色都具有不同的风格取向。男性更倾向于选择钛银色和香槟金色，至于香薰紫色，应该会更受女性欢迎。

图 2.1.8 起亚 K2 车轮及轮毂

图 2.1.9 K2 颜色

4）车舱布局

时尚依旧是起亚 K2 的设计主题，在配色方面，它为消费者提供了温馨的米色与炫酷的黑色。其内部多采用钢琴烤漆的材质作为装饰，其中值得赞赏的是，它在高配版中配置了一键起动功能，这一设计在竞争车型中比较少见。

两厢 K2 提供了全黑和黄黑双色两种内饰颜色供消费者选择，前者主打运动感，后者则显得家庭感一些。它的中控台在造型上没有太多花哨的设计，反而规规矩矩的，且各种功能分区井井有条。从图 2.1.10 中不难看出，其中控台明显向驾驶员侧倾斜，这样的设计思路之前主要出现在豪华车型上，例如 B 字头的车型。

5）空调控制区

空调控制区位于中控面板的最下方，由两个旋钮加两个按键控制所有的空调功能。其中，右侧的旋钮是个双层旋钮，在功能上也最为常用，它用来控制风量和出风模式。在使

图 2.1.10　起亚 K2 内饰

用时，会发现旋钮的阻尼较小，旋转时感觉会比较轻，但其刻度点的位置比较清晰，如图 2.1.11 所示。

图 2.1.11　起亚 K2 空调旋钮

6）真皮座椅

紧凑型小车的座椅一般做得比较薄，目的是给车内空间让步。但两厢 K2 却没有这么做，其厚实的座椅有着出色的减振效果，同时也能有效缓解长时间驾驶时产生的疲劳感。另外，其座椅的皮质也具有很好的触感，而打孔设计看上去也更显档次，如图 2.1.12 所示。

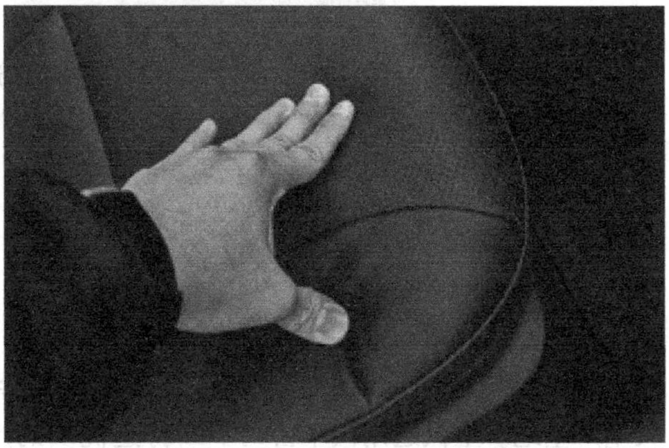

图 2.1.12　起亚 K2 真皮座椅

7）动力总成

在 K2 车型上，起亚配置了一台 1.6 L 的伽马发动机，该发动机的最大功率为 90.4 kW（123 ps）/6 300（$r \cdot min^{-1}$），最大扭矩为 155 N · m/4 200（$r \cdot min^{-1}$）。

该款发动机在数值方面并没有太多出色的表现，不过 K2 需要的是燃油经济性，而动力只需满足家用即可。其发动机总成如图 2. 1. 13 所示。

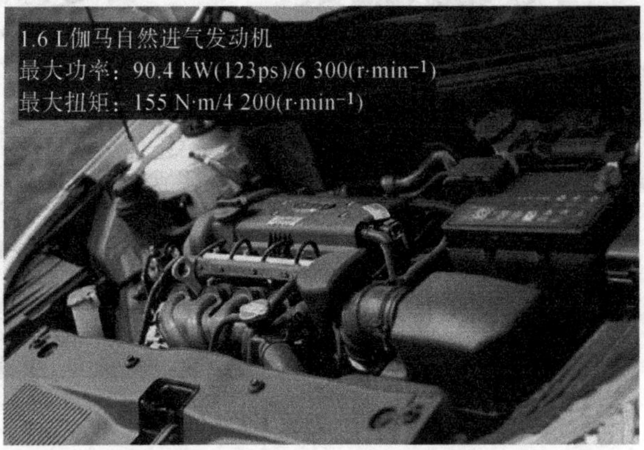

图 2. 1. 13　起亚 K2 发动机总成

在变速箱方面，它配置了 4 挡自动变速器，变速箱的齿轮比例调整比较趋向于经济性，当速度达到 100 km/h 时，其发动机的转速大约为 2 500 r/min，所以，在日常驾驶中，如果想获得较大动力，不妨挂入低速挡。其变速箱总成如图 2. 1. 14 所示。

图 2. 1. 14　K2 变速箱总成

二、赛欧车型介绍及推荐

1. 车型概述

1）上汽通用汽车有限公司简介

上汽通用汽车有限公司成立于 1997 年 6 月 12 日，由上海汽车集团股份有限公司和通用汽车公司共同出资组建而成。目前，它拥有浦东金桥、烟台东岳、沈阳北盛和武汉分公司四大生产基地。上汽通用汽车公司不断打造优质的产品和服务，并坚持“以客户为中心，以市场为导向”的经营理念，现已拥有别克、雪佛兰、凯迪拉克三大品牌以及二十多个系列的产品阵容，覆盖了从高端豪华型车到经济型轿车各梯度的市场，以及 MPV、SUV、混合动力和电动车等细分市场。

2）雪佛兰品牌简介

雪佛兰品牌创始于1911年，是美国保有量最大的汽车品牌之一。至今，其累积销量已超过5亿，并创造了每6秒就卖出一辆雪佛兰车的世界纪录，至今仍无人企及。秉承着“热爱我的热爱”的品牌精髓，以及令人心动的造型设计（Design），富有乐趣的驾控性能（Performance）和人性化的智能科技（Technology）这三大产品DNA，雪佛兰始终以真实自然、年轻心态、充满自信、乐观向上、富有创意的品牌个性，致力于将优秀的产品和专业、高效的服务带入中国市场，带给中国的消费者。

2. 六方位介绍

（1）正面，如图2.1.15所示。

图2.1.15　赛欧正面

其前脸设计大方，彰显活力。飞翼流光前大灯兼具流线型和雕塑感，增强了车头的美感。其车头两侧的行人保护安全车头双翼区提升了安全性。

（2）侧面，如图2.1.16所示。

图2.1.16　赛欧侧面

赛欧的车身线条简洁流畅，比例均衡。全车采用 107 道油漆工艺和 5 种标杆防腐工艺，从而打造出 8 道漆面防腐涂层。其腰线外张有力、时尚动感、跃跃欲试，而短前悬、短后悬的车身设计增加了乘坐空间。

（3）侧方 45°，如图 2. 1. 17 所示。

图 2. 1. 17　赛欧侧方 45°

它的锋锐箭头前大灯炯炯有神，搭配盾型前脸和蜂窝状进气格栅，加之金领结贯穿其中，比例均衡，给人以充满激情、富有朝气的感觉。其腰线外张有力又兼顾流线型。弧形车顶、低矮的重心和适宜的车身比例降低了车辆的空气阻力，使其燃油经济性有所提高。

（4）正后方，如图 2. 1. 18 所示。

图 2. 1. 18　赛欧正后方

赛欧的盾形上扬璀璨尾灯采用科尔维特跑车的多管式圆形设计。它的后备厢容积大，能达到 370 L。箱内配备的三脚架、备胎和工具一应俱全。

（5）驾驶室，如图 2. 1. 19 所示。

图 2.1.19　赛欧驾驶室

它的高车顶设计为驾乘人员提供了富裕的头部空间。电动调节的大视野无盲区后视镜增加了驾驶员的视野范围。它的弧跃星辉仪表盘、数字式转速表、金属镀面品质中控台以及黑灰两色的内饰搭配错落有致。三幅式运动方向盘的转向准确而沉稳。前排双安全气囊为安全保驾护航。韵灰、雅白双色绒布座椅增加乘坐的舒适感。前排采用预张紧式安全带，后排设有儿童安全锁和 ISOFIX 儿童安全座椅固定装置。安全笼式车体和井字钢梁的设计加上全车 60% 采用高强度钢材制造，大大提升了车辆的安全性。

（6）发动机舱，如图 2.1.20 所示。

图 2.1.20　赛欧发动机舱

赛欧的发动机横置，4 缸直列，采用顺序多点燃油喷射。其发动机控制系统采用德国博世技术，发动机的品质有保证，排放达到了欧Ⅳ标准。其发动机具有低油耗、低噪声、低排放、高可靠性、低速大扭矩和高速大功率的特点。它的转向系统采用德国采埃孚转向机，并配置 ABS + EBD 以及可溃缩式吸能转向柱。

3. 核心卖点介绍

1）外观尺寸

由于少了尾箱，新赛欧两厢的车身更加紧凑，且看起来更精悍，其车身尺寸与三厢版本相比在长度上缩短了 302 mm，在高度上降低了 2 mm，但是轴距并没有发生变化，依然是 2 465 mm，整车尺寸为（长×宽×高）3 947 mm×1 690 mm×1 503 mm，如图 2. 1. 21 所示。

图 2. 1. 21　新赛欧两厢 1. 4EMT 的整车尺寸

2）轮胎规格

它的轮胎采用国产的三角牌轮胎，尺寸为 175/65 R14，如图 2. 1. 22 所示。

图 2. 1. 22　新赛欧两厢 1. 4EMT 的三角牌轮胎尺寸

3）车舱布局

新赛欧两厢的内饰是明显的家居风格，以灰色为主的色调看起来很温馨，同时也比较耐脏。小型车受价格和成本的制约很难在内饰上做过多的文章，新赛欧的内部也同样，摸上去到处都是冷冰冰、硬邦邦的，但却不会让人产生那种廉价的感觉。尽管其用料依然是以硬质塑料为主，但由于它的模具做工不错，模块的边缘比较光滑细腻，接缝处也比较均匀，所以感觉并不糟糕。另外，其中控台和门板上的塑料材质的表面纹路处理得不错，这也使其质感有了一定程度的提升，如图 2. 1. 23 所示。

图 2.1.23　新赛欧两厢 1.4EMT 内饰

4）乘坐空间

两厢赛欧在驾乘空间方面的表现优秀，其在后排空间方面甚至超过了三厢版本。图 2.1.24 所示的身高 180 cm 的体验者坐在前排保持合适坐姿，其头部距离车顶还有将近两指的距离。

图 2.1.24　新赛欧两厢的乘坐空间

5）储物空间

它的后备厢在正常状态下的容积并不是很大，只有 248 L，如图 2.1.25 所示。但新赛欧两厢的后备厢的优势在于其空间的灵活多变。由于其后排座椅可以按比例放倒，从而能得到一个平整的超大的储物空间，甚至能达到 1 215 L，如图 2.1.26 所示。

6）动力总成

新赛欧两厢与三厢一样配备了 1.4 L 和 1.2 L 两种排量的发动机。以 1.4 L 发动机的 EMT 车型为例，该款 1.4 L 的 S－TEC Ⅲ发动机采用了 VGIS 可变进气歧管和 PDA 可变气流进气阀门技术，其最大功率为 76 kW，最大扭矩为 131 N·m。

图 2.1.25　后备厢正常状态下的容积

图 2.1.26　后排座椅放倒后的空间

与之匹配的是一款由玛涅蒂—马瑞利公司生产的 EMT 5 速手自一体变速箱，类似的技术也曾应用在一些跑车和家用小车上。该款变速箱实际是在手动变速箱的基础上加装了一套电子液压控制系统，来实现离合器及挡位的自动控制。简单来说，EMT 的驾驶方式与自动挡类似，而工作原理则与手动挡区别不大。

三、威驰车型介绍及推荐

1. 车型概述

1）一汽丰田汽车销售有限公司简介

一汽丰田汽车销售有限公司是中国第一汽车股份有限公司和丰田汽车公司合作多年的结晶，它的成立标志着一汽与丰田的合作又步入了一个新的里程。

2）造车理念

丰田汽车的价值观是“追求用户利益最大化”，这体现了丰田对用户利益的尊崇；而“追求产品终生价值最大化”，则体现在有限延续的时间段内丰田汽车的价值。无论何时何地，交付给用户的丰田汽车都意味着丰田公司的永久承诺，即带给用户最大的价值。

2. 六方位介绍

（1）正面，如图 2.1.27 所示。

图 2.1.27　威驰正面

它的前脸造型引入了丰田的家族式设计，自牛头标起延伸至大灯内侧的两根镀铬饰条配合大面积梯形下进气格栅，营造出自信过人的凌厉威风，给人以超规格的高档次感。能进行高度电动调节的犀利眼前大灯炯炯有神、活力四射，能够在黑暗中照亮前进方向的同时让灯光始终保持在路面之上，从而提高了夜间行车的安全性。一体化设计的前保险杠由撞击吸能材料制造而成，不仅外形和谐美观同时更注重对行人的保护，并达到汽车界最具权威的安全认证机构 E－NCAP 的五星级标准。

（2）侧面，如图 2.1.28 所示。

图 2.1.28　威驰侧面

它凹凸有型的车侧设计、刚健有力的车身和贯穿至车尾的动感流畅的腰线展现出超越同级别车型的车身尺寸。新威驰 2 550 mm 的前、后轴距能够带来 5.1 m 的最小转弯半径，这使它即使处于市区的拥堵路段也能轻松应对。威驰在设计之初在充分保证其美观的同时也考虑到空气动力学原理，在其凹凸不平的长筏型车顶、带导流翼片的尾灯及后视镜的设计中也充分实现了超越同级别车型的操控稳定性与驾乘舒适性，进而降低了油耗。

（3）侧方 45°，如图 2.1.29 所示。

图 2.1.29　威驰侧方 45°

它的三段式开启车门能让驾乘者在狭窄区域内上下车时更加方便。15 in[①] 的铝合金轮毂采用多幅条和动态三角面的设计，其造型美观大方，配合低滚阻轮胎，从而降低了油耗。一辆好车不光要空间大、外形漂亮，其安全性也不容小视，而丰田独有的 GOA 车身是由能够承受 1 300 MPa 的超高张力钢板制造而成的，它能够充分吸收碰撞所发出的能量，从而提高驾乘者的自身安全。

（4）后方，如图 2.1.30 所示。

图 2.1.30　威驰后方

① 1 in = 25.4 mm。

其回旋式设计的尾部线条延伸环绕至车身侧面，后保险杠的上部线条与尾灯线条融合使车尾更显宽阔与动感。雾灯自保险杠下边缘向外延伸，突出了整体后部的棱角感。3D 立体造型尾灯点亮面积宽阔，配合点亮速度极快的 LED 高位刹车灯能提供出更大的穿透距离，以提高夜间行驶的辨识度，保证行车安全。

（5）驾驶室，如图 2. 1. 31 所示。

图 2. 1. 31　威驰驾驶室

它的中控台采用“丝巾扣 + 流动金属”组合的造型设计，华美流畅，倍显质感。而三单元炮筒式仪表盘采用湛蓝色背景灯光，能够起到放松眼部肌肉、舒缓心情的作用。同时，MID 多元信息显示屏能够显示多种行车信息，让驾驶员对当前车辆状态了如指掌，而绿色的 ECO 环保驾驶指示灯也能够帮助驾驶员养成良好的驾驶习惯。

其方向盘具有上、下调节功能，使用时更加方便，并给驾驶员提供了更宽敞的腿部空间。其 USB、AUX 外接输入端口可连接 U 盘、iPhone、iPad 等设备。双格收纳设计的储物箱加隐藏式的便利杯架，使其与乘员的距离更近，更方便乘员拿取物品。

（6）发动机舱，如图 2. 1. 32 所示。

图 2. 1. 32　威驰发动机舱

威驰发动机舱的布局整齐规范，发动机罩的应用除了能阻隔噪声外，还能体现出一汽丰田超高的装配工艺及精湛的技术水平。下沉式设计的发动机能够在碰撞时自动下沉，避免其进入客舱对乘员造成伤害。全新的双 VVT－i 发动机兼具高效的动力输出与燃油经济性，它比前款有效节油 10%。

3. 核心卖点介绍

（1）威风型 V－Style 动感外观，酷帅性格。

威驰车型的外观造型秉承“价值超越期待”的整体设计理念，以流畅华美的曲线及宽体大气、动感十足的车身造型，加上丰田全新设计的 Keen Look 锋锐前脸与 Under Priority 梯形下格栅，营造出自信过人的凌厉威风，给人以超规格的高档次感，如图 2. 1. 33 所示。

图 2. 1. 33　威驰动感外观

（2）两种绝妙配色，黑白混搭。

它以黑白双色为主，拥有简酷风格的驾乘空间，加上强烈的视觉配色，层次分明，让人一见倾心。车门内部的门饰板采用白色配饰，黑白风采尤为凸显。新增中央扶手储物盒与前排座椅背部储物袋，给乘员更灵活、便利的储物空间；空调出风口调节拨片、门把手和手刹按钮均采用镀铬设计，细节处尽显精致质感。精心选用的珍珠白色设计的中控台与黑色内饰完美呼应，风格简约，优雅出众。珍珠白围巾环与流动金属组合的造型设计使整体感觉更加宽敞、舒适，并充满锐意明快之感，如图 2. 1. 34 所示。

图 2. 1. 34　威驰黑白配色的内饰

其仪表盘底色采用白色的简洁设计，使视觉效果更加犀利，酷劲十足，且易于读取，如图 2. 1. 35 所示。

图 2.1.35　仪表

采用真皮与织物两种材质的座椅，以及不同风格的精彩搭配，深具个性魅力。在真皮的交接处均以精密的车缝线进行缝合，真皮材质加上精细做工的皮革缝制工艺，完美打造出优雅、尊贵的感觉，如图 2.1.36 所示。

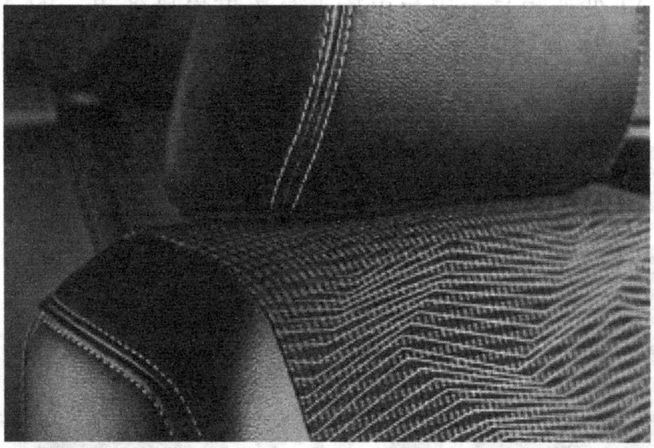
图 2.1.36　威驰座椅

（3）威动能 V－Performance 节能动力，平稳操控。

全新威驰采用最新研发的双 VVT－i NR 发动机，结合全新的 i－Super AT 变速箱，在保证高动力输出效能的同时，更提供了优异的节油性能，并实现了轻量化车身的长筏形车顶设计及车身上多处设置的 F1 动力学导流鳍，该设计能大幅降低风阻，进而减少油耗，加上轻量化的刚性车身结构，从而完美地确保了行驶的平稳性和驾乘的舒适性。

NR 发动机是源自丰田公司的全新设计，它是采用双 VVT－i 技术的 4NR－FE（1.3 L）/5NR－FE（1.5 L）发动机，如图 2.1.37 所示。它以创新的轻量化设计实现了比前款减重 2 kg。质量更小的发动机在保障高效动力输出的同时，更可为用户节省 10% 的油耗（对比前款）。双 VVT－i 技术能根据发动机转速、油门开启幅度等行驶状况，通过计算机信号对进气门和排气门的开闭时机进行智能正时连续可变控制，这不仅能使燃油燃烧得更充分，有害气体排放得更少，同时也实现了在中、低转速下充沛的扭矩输出以及高转速下的卓越动力输出。不仅如此，由于采用了滚针摇臂轴式气门结构，更有效地减少了凸轮轴和滑动部件的摩擦，从而显著提高了燃油的经济性。加之优化了发动机部件的刚性，从而实现了优异的低振动性和静谧性。大量新技术的应用为全新双 VVT－i NR 发动机带来了卓越的性能表现以及出色的燃油经济性和低排放量。

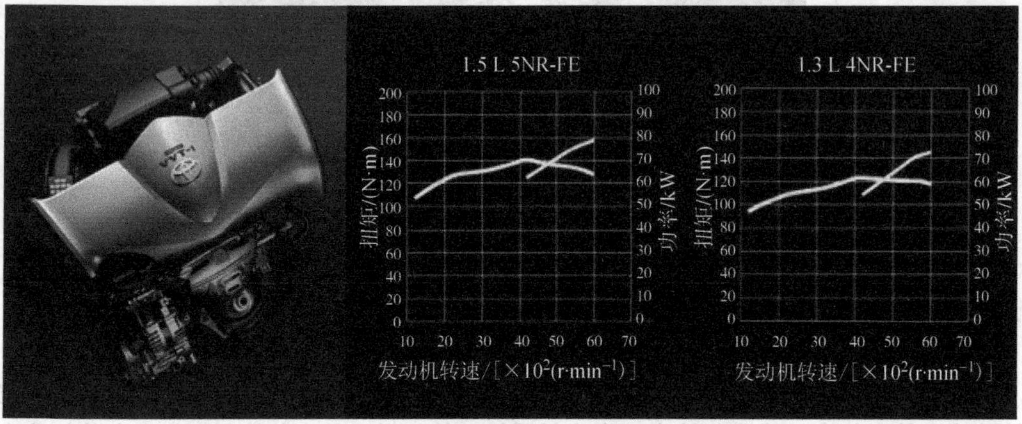

图 2. 1. 37　威驰发动机

全新的 i－Super AT 变速箱是丰田与市场占有率世界排名第一的 AT 变速箱制造商——爱信 AW 共同研发的，它具有高性能、高可靠性等特点，并以轻量化的设计和高效顺畅的传输系统实现了低油耗，同时保障了更平顺的换挡感受和优异的静谧性，如图 2. 1. 38 所示。

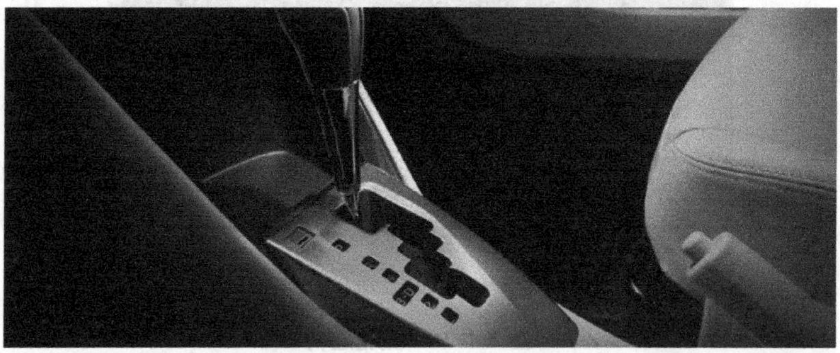

图 2. 1. 38　AT 变速箱总成

（4）空气动力学组合系统。

该系统采用 F1 赛车技术，通过全面减少空气阻力，实现了超越同级别车型的操控稳定性与驾乘舒适性，进而降低了油耗，如图 2. 1. 39 所示。

图 2. 1. 39　空气动力学组合系统

（5）威优质 V－Quality 全面安全，耐久品质。

它不仅具有全方位的安全性，更具有经久耐用的坚实品质。从 GOA 冲撞吸能式车身、SRS 空气囊，到 BA 刹车辅助系统，处处皆是周全的保护设计；其车身大面积采用高强度钢板，使之更加坚固、密实。全新威驰在许多细节上都通过了极严苛的产品测试，以确保其坚固耐用。

驾驶席及副驾驶席所配备的前部和侧部 SRS 空气囊会在车辆前面或侧面发生猛烈碰撞时全方位缓解碰撞和冲击对驾乘人员可能造成的严重伤害，如图 2.1.40 所示。

图 2.1.40　SRS 系统

任务 2.2　8 万～12 万紧凑型（A 级）家庭实用两厢轿车的选购

一、标致 307 车型介绍及推荐

1. 车型概述

1）标致汽车简介

标致品牌是 PSA 标致雪铁龙集团旗下的三大汽车品牌之一，有着悠久的工业历史和科研历史。2003 年，东风标致品牌正式建立。自建立以来，它就传承着标致 200 年的品牌文化积淀，并深谙严谨与激情完美结合的造车之道。

2）企业造车理念

东风标致确立了“严谨、激情、致雅”的品牌优势，并不断追求创新，以富有魅力和品位的设计，为“追求美感和愉悦”的消费者诠释全新的驾驶感受。

现今，东风标致已经拥有百万用户。未来，它将以“升蓝计划”战略为导向并不断推动品牌的新跨越。

2. 六方位介绍

（1）正面，如图 2.2.1 所示。

标致 307 的前脸酷似狮子威俊的面孔，尤其它的两个前大灯好像狮子的双眼炯炯放光、不怒自威，这是沿袭了标致车系共有的特征。其前风挡玻璃上方包括用来探测车外光线强弱进而控制自动大灯的开启或熄灭的装置，还包括雨量传感器，它用来探测雨量的大小进而控制自动雨刷的刮刷速度。

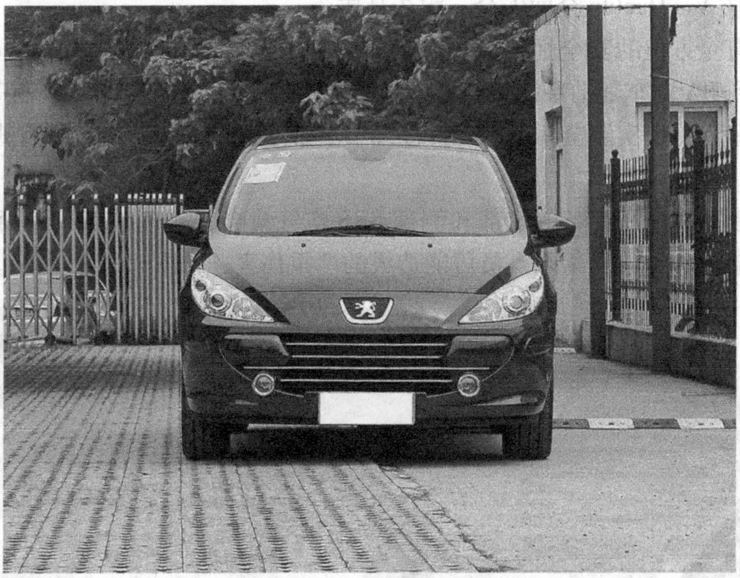

图 2.2.1　标致 307 正面

（2）侧面，如图 2.2.2 所示。

图 2.2.2　标致 307 侧面

采用高强度复合材料制成的前翼子板，在提高强度的同时，也能有效地减小质量。同时由于它具有非常好的弹性，在一般强度的冲击下，翼子板可以自行恢复变形；在高强度的冲击下可以脱落，从而尽可能地减少维修成本，并且由于其弹性较好，也能对第三方起到保护作用。其前门的面积大、开度大，这样的设计更方便乘员上下车。其前门的储物空间充足，可以放置 1.5 L 的大饮料瓶，并且经过巧妙的设计可使放置的饮料瓶不会倾倒。

（3）侧方 45°，如图 2.2.3 所示。

图 2.2.3　标致 307 侧方 45°

秉承同平台其他车型在车身高度方面的特点，标致 307 的车身高度为 1 536 mm，配合最小离地间隙 132 mm，其车内的头部空间在同级别车型中无出其右，更为用户带来了超大的空间感和良好的车内采光效果，从而提高了舒适性。

它在大灯造型方面遵循了联系标致品牌各车型的内在元素，采用双曲率设计，其中灯罩用高强度聚碳酸酯材料制成。它的整体造型符合最新的设计理念，同时又能减少由于安装所带来的工艺上的误差，还可以减小车头部的空气阻力和噪声。

（4）后方，如图 2.2.4 所示。

图 2.2.4　标致 307 后方

它采用的固定式天线在保证强度和耐用的同时又能提供最佳的接收效果。由于伸缩天线和窗式天线显而易见的缺点，采用固定式天线正逐步成为主流，并有向高档车延伸的趋势。后风挡玻璃的尺寸会影响驾驶员的后部视野、后排乘员的头部空间、车辆后部的空气动力特性、后备厢的尺寸以及后备厢盖的高低和开启角度等诸多方面的因素。

增加的尾部扰流板，一方面能起到美观的作用，另一方面，在车辆高速行驶时，它可以提供更多的下压力，从而增加车辆行驶的稳定性，还能减少后部空气乱流的发生。

（5）驾驶室，如图 2.2.5 所示。

图 2.2.5　标致 307 驾驶室

它配备了前排座椅电动加热功能，在严寒的冬季能为用户增添一份温暖。该功能是通过前排座椅旁的开关来控制的。开关开启后，通过座椅内部的电路给座椅加热，同时还可根据车外温度自动关闭该功能。

电动加热、电动调节和电动折叠（真皮版）外后视镜的功能在为用户提供方便的同时，还充分考虑到人性化的概念。其左侧后视镜为双曲率设计，能有效地减少盲区，而右侧后视镜则带有车外温度传感器。

（6）发动机舱，如图 2.2.6 所示。

在动力性能方面，标致 307 与同系列其他车型的设计理念相同，均为发动机横置。它的前置前驱发动机盖采用了简单可靠的撑杆予以支撑，这一设计主要考虑到发动机盖的开启角度应小于 90°，且必须保证其可靠性，否则会影响在发动机舱内进行的必要的保养等操作。

3. 核心卖点介绍

1）外观

图 2.2.6　标致 307 发动机舱

标致 307 三厢与两厢的前脸设计别无二致，如图 2.2.7 和图 2.2.8 所示。生动的大嘴巴配上两个板牙，以及尖细的柳叶大灯等都是标致曾经惯用的设计手法。当然，如果想要些许不同，还有 CROSS 版两厢 307 可选择，其前脸显得凶狠得多。从尾部的设计上来看，毫无疑问我们会偏向于两厢版的设计，三厢版的车顶与尾部的衔接显得有些不自然，而两厢版则是纯正的原汁原味的设计。

标致307的三厢版本戴着"中国特有"的头衔，其尾部设计虽然有些特别但也
曾受到消费者们的喜爱，其外观高调，记忆点多，使307一点也不显得无聊

图 2.2.7　三厢版标致

图 2.2.8　两厢版标致

2）内饰

标致 307 的内饰并没有什么奇特的设计，只是在原本非常单调的三幅式方向盘上加入了哑光银色的装饰，这一小小的改变就使方向盘在视觉上美观了不少，如图 2.2.9 所示。其整体运用偏向于深色的格调去凸显运动气息，以银色的铺装去提亮整个色调，从而不会显得那么压抑。

图 2.2.9　三幅式方向盘

其黑灰双色的拼装织物或单色真皮座椅与整体的风格相同。它的座椅虽然宽大，但却并不显得过于厚实，且坐上去也不会觉得生硬，如图 2.2.10 所示。位于大腿与身体两侧的护垫设计提升了座椅的支撑性。

图 2. 2. 10　标致的前排座椅

3）载物空间与尺寸

标致 307 的后备厢空间，无论是三厢还是两厢，都大的有些夸张。特别是两厢，放倒座椅后，其后备厢空间竟然可以扩展到 1 440 L，在上面平躺几个人是轻而易举的事，如图 2. 2. 11 所示。

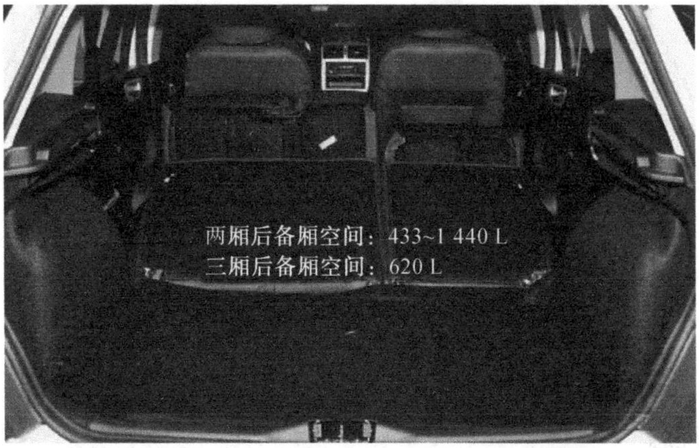

图 2. 2. 11　标致的载物空间与尺寸

4）发动机总成

其两厢版搭载的都是 1. 6 L 的自然吸气发动机，而三厢版则有 2. 0 L 与世嘉共享技术的标致 307 可选，如图 2. 2. 12 所示。

二、凯越车型介绍及推荐

1. 车型概述

1）凯越汽车简介

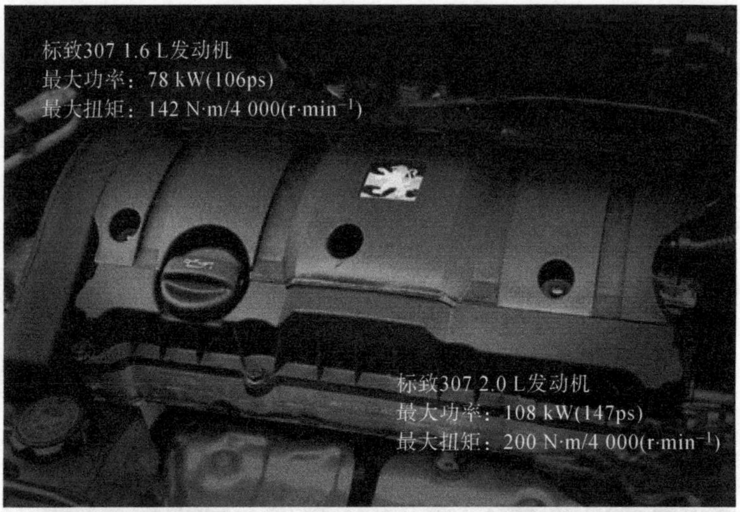

图 2.2.12　标致 307 的发动机总成

凯越（Buick Excelle）是基于通用汽车的全球平台制造的，如图 2.2.13 所示。它的外形出自全球三大汽车设计公司之一，即由拥有 70 多年设计史的意大利 Pininfarina 公司领衔其造型设计。其原型车为通用汽车最新开发的全球化中级轿车，由通用大宇汽车科技公司（GMDAT）主导设计和开发。它曾在英国、西班牙、瑞典、澳大利亚、美国和中国等全球数十个国家进行了多达 180 万千米的测试。

图 2.2.13　别克凯越

2）企业造车理念

通用汽车公司进入中国已超过 90 年，它在中国的发展愿景是：携手战略合作伙伴，致力于打造中国汽车工业的最佳参与者和支持者。

别克凯越的开发和设计集中了全球及本土的优势资源，由国际化团队联手打造。其外形设计由意大利的全球顶级汽车设计公司宾尼法利纳（Pininfarina）担纲；由通用的全球动力总成主力供应商澳大利亚霍顿（Holden）公司为其配备 1.8 L 的新一代 Twin – Tech 发动机；上海通用汽车在这一全球平台上利用泛亚技术中心的产品工程优势，并针对中国的路况特征和消费者的口味，对其进行了本土化的改进和调校，以本土化试验磨炼“中国心”。

凯越的发动机和变速箱出自澳洲霍顿、德国 ZF 等世界级的高手，同时还经历了严酷的本土化试验，证明了其适合驰骋在中国差异悬殊的气候与广袤的疆域上，才最终打上别克的品牌。凯越先后到地温 70 ℃以上的新疆吐鲁番做抗热爆震试验，到海拔 4 500 m 以上的西藏德庆做抗高原动力性试验，以及到零下 30 多度的黑龙江黑河做抗寒冷起动试验等，借此，它挑战并且征服了极致的恶劣环境。

其车尾设计则将别克凯越的动感和精致进行了完美的演绎：其创新的 C 柱三角玻璃窗设计使车舱显得更修长，视野也更广阔；高位刹车灯在制动时呈现出 6 瓣花叶的形状；充满活力的一体式晶亮后大灯，与前灯设计交相呼应；其车尾设计融合了现代的视觉美感与实用功能。

具有百年汽车制造史的澳洲车市领头羊——霍顿（Holden）公司是借锻造高性能发动机而闻名于世的，其 V8 Touring 赛车队被全球车迷誉为“红色风暴”。而代表发动机高效燃烧、迸发激昂动力的红色，正是霍顿的象征。由它制造的发动机出口四大洲，霍顿公司是通用汽车动力总成的全球主力供应商。

德国 ZF 则是变速箱领域的权威。在汽车圈内只要一提起变速箱，大家都会想到 ZF。它在 30 多个国家建立了分支机构，其生产的自动变速箱原先只针对 50 万以上的豪华车。

与别克君威（Buick Regal）2.0 一样，别克凯越 1.8 L/1.6 L 直列 4 缸发动机也采用 DOHC 16（V）气门双顶置凸轮轴设计的 Twin－Tec 技术，其排放可达到欧Ⅲ标准。大师之手的设计，使别克凯越完美诠释了创新现代美学与欧风之简洁优雅。

2. 六方位介绍

（1）正面。

它在中网和前杠方面的改动比较符合目前流行的设计思路，使得前脸看上去更大气。作为一款以代步功能为主的家用车，其整体风格保持了稳重与和谐的特点，更适合年龄稍大一些的消费者。其正面如图 2.2.14 所示。

图 2.2.14　别克凯越正面

（2）侧面，如图 2. 2. 15 所示。

图 2. 2. 15　别克凯越侧面

其带有 LED 转向灯的后视镜不仅十分美观，而且还能在车辆转向时提高相应的安全系数。凯越全车由双面镀锌高强度钢板制造而成，且全封闭承载式的车身结构能迅速将撞击能量分散，这使新凯越的安全性达到了欧洲 NCAP 安全测试的 4 星标准，同时，其四门内还设有加强防撞横梁，当车辆受到侧面撞击时，它能有效地保护车内乘员的安全；凯越的底盘是运用了澳大利亚 V8 挑战赛的悬架技术全新设计的，再配上抓地力很强的轮胎，让用户在享受舒适的同时还可以体验到操控的乐趣。

（3）侧方 45°，如图 2. 2. 16 所示。

图 2. 2. 16　别克凯越侧方 45°

看到新凯越的人都觉得它大气、动感，线条简洁又不乏个性，因为它是由意大利顶尖的汽车设计公司宾尼法利纳（Pinifarina）操刀设计的，也是由别克的一款概念车演变过来的。

它在外型和内部配置上都添加了很多新元素，它的前部格栅是竖型瀑布式的，这一设计沿袭了林荫大道和君越家族的“DNA”，象征着当今豪华车的设计潮流。它的前大灯是一种立体分层式设计的晶钻大灯，不仅非常美观，而且穿透力强，让用户在行驶过程中更加安全。

（4）后方，如图 2.2.17 所示。

图 2.2.17　别克凯越后方

新凯越车尾的 U 形曲线融合了现代的视觉美感与实用的功能。其线条简洁优雅，最靓丽的部分就要数由 18 颗 LED 组合成的尾灯了，当 36 颗 LED 灯同时亮起时，效果非常漂亮，而且 LED 灯泡具有更快的响应速度，其使用寿命也几乎与整车寿命相同。凯越还配备了倒车雷达，让驾驶员在倒车过程中倍感轻松。新凯越的后备厢内十分平整，其容积可达到 405 L，完全可以满足家人的日常需求。其后排座椅可以按照 4∶6 比例随意平放，因此，在特殊情况下，尺寸再大一点的物品也能放进去。

（5）驾驶室，如图 2.2.18 所示。

图 2.2.18　别克凯越驾驶室

凯越的主驾驶座是可以8向调节的，方向盘也是可以2向调节的，这样的设计可以让视野和坐姿都调整到非常舒适的位置。其车门饰板采用的是米黄色和褐色的双暖色搭配；其用料非常讲究，让整车的氛围十分温馨，给人一种居家的感觉；它的仪表盘采用的是非常动感的炮筒式设计，配上蓝色的背光，视觉冲击力非常强。全车共有18处储物空间，在这方面可谓是同级别车中最丰富的。新凯越的四速自动变速箱质量稳定可靠、换挡平顺，其外形采用的是阶梯式设计，美观而且显档次。在仪表盘上，也设有挡位提示。

（6）发动机舱，如图2.2.19所示。

图2.2.19 别克凯越发动机舱

别克凯越的发动机舱布置得十分合理、整齐。在发动机与水箱间有一块很大的缓冲空间，这一设计除了能使发动机可以更好地散热并延长使用寿命以外，还能在车辆发生正面碰撞时起到安全缓冲的作用。在发动机的后方和上方还设有巨大的隔音棉，因此，在行车过程中车内显得特别安静。

这款车搭载的是Twin－Tec发动机，如图2.2.19所示。经过几年的市场考验，它在全国已经拥有60万用户，其技术成熟，返修率低，而且维修保养成本低廉。加之上海通用对它进行了重新调校，其最大扭矩可达到146 N·m，因而动力更强劲，加速也更快，且油耗还下降了3%。新凯越全车系配有防抱死制动系统（ABS）和电子制动力分配系统（EBD），能保证车辆的正确转向，并能有效地缩短制动距离，从而帮助驾驶员更好地控制车辆的行驶方向，最大限度地保证行车安全。

3. 核心卖点介绍

（1）Voice Link语音控制信息娱乐系统，如图2.2.20所示。

Voice Link语音控制信息娱乐系统是2013款车型新增的设计，看上去和安吉星的设计有点相似，不过二者还是有本质的区别。从导航功能上来说，它要通过手机将GPS地图下载到车载系统里，并通过连接手机（走手机流量）实现导航功能，它其实更像手机的扩音器。它的其他功能还包括蓝牙通话和播放手机中的音乐等。

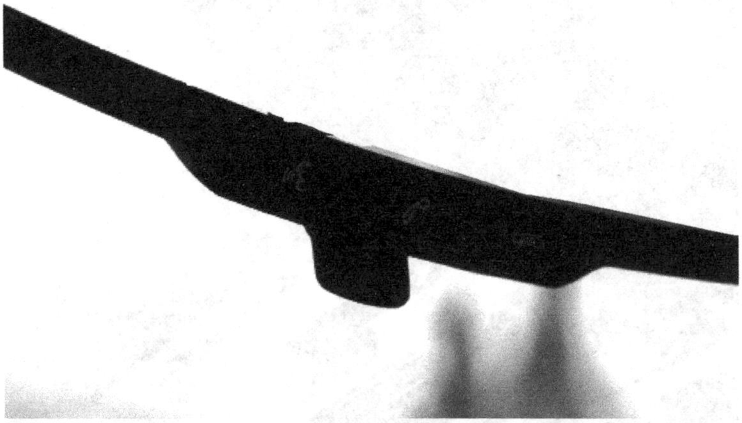

图 2.2.20　Voice Link 语音控制信息娱乐系统

（2）新的动力系统，如图 2.2.21 所示。

图 2.2.21　别克凯越发动机

新凯越最主要的技术升级就是更换了新的动力系统，也是为了改善凯越一直以来油耗高的诟病。全新的 1.5 L DVVT 发动机在保证性能不会降低的同时又解决了油耗问题。对于价格在 10 万元以内定位于三、四线城市的车型来说，除了品牌和品质算是绝对的优势外，油耗是个不可忽视的问题。

图 2.2.21 所示的 1.5 L DVVT 发动机的数据和之前的 1.6 L 发动机的数据差不多，它可以达到 83 kW/6 000（$r \cdot min^{-1}$）的最大功率和 146 N · m/4 000（$r \cdot min^{-1}$）的最大扭矩。其发动机的数据达到了目前主流车型的水平。

它的另一项技术升级是搭载全新一代 6 速手自一体变速箱，如图 2.2.22 所示。虽然通用这一类型的变速箱在平顺性方面并不是同类产品中最好的，但相比于凯越之前的 4AT 来说，无论是在平顺性方面还是在动力的链接方面都有很大改善。

图 2.2.22 AT 变速器

凯越的油门踏板调校的非常敏感，起步时甚至只需轻踩油门踏板，车子就会有种蹿起来的感觉，给人一种动力强劲的感受，虽然它的排量不大，但是低速时的敏感性确实会改善用户的体验。但这带来的问题就是驾驶员要很好地控制起步时的油门，否则会显得有些突兀，出现这种情况对于乘员来说就显得不够细腻了。不过，对于这种 1.5 L 的自动挡车型，敏感毕竟比反应迟钝要好得多。

从之前到现在，凯越始终都不是那种追求驾驶性能的车型，所以它干脆就取消了 1.8 L 的排量，满足最基本的代步需求，这就是凯越的定位。所以，虽然更换了 1.5 L 的发动机，但在动力上很难察觉它比老款有哪些明显的改善。而变速箱的升级则很好地改善了其加速平顺性。在这个市场定位的车型中，这种类型的变速箱算是相当不错了。

（3）ECO 节油提醒功能，如图 2.2.23 所示。

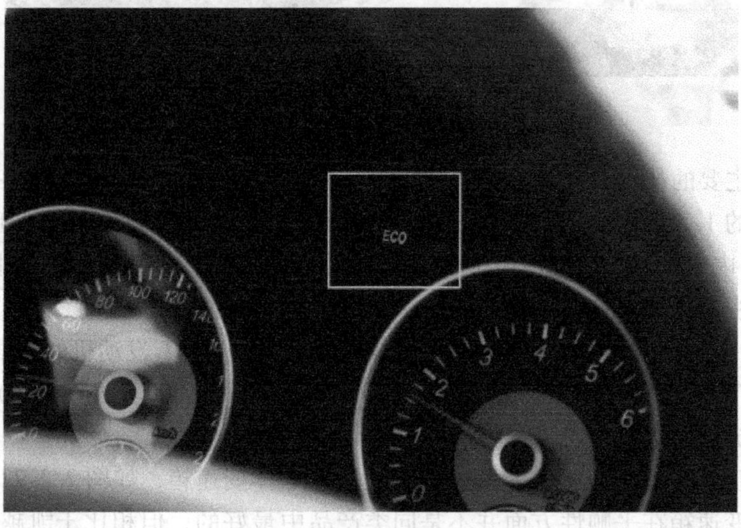

图 2.2.23 ECO 节油提醒功能

驾驶时，在它的仪表盘中会发现有新加入的 ECO 节油驾驶提醒功能，如图 2. 2. 23 所示。当车辆的速度超过 20 km/h 时，它会根据当前油耗进行智能评估，这样就能够对驾驶员的油门踩踏动作进行主动引导，从而更清晰、更方便地掌控车辆当前的油耗状态，达到降低油耗的目的。

（4）悬架系统，如图 2. 2. 24 所示。

图 2. 2. 24　别克凯越悬架系统

从理论上讲，虽然凯越所使用的双连杆式悬挂也是独立悬挂的一种，但其实它和速腾、福克斯所使用的独立悬挂有本质的区别，这种悬挂在严格意义上应该叫作“连杆支柱式悬挂”，其结构特性与麦弗逊的悬挂结构是完全相同的。它的上部支撑集成了减振器和弹簧，既要承担避振任务，还要完成车轮上端的横向、纵向支撑任务。其下端则与双横臂的结构基本相同，下端的横臂演变为两根连杆，为了纵向定位，同时又增加了一个纵向拉杆，并承担着横向和纵向两个作用力。

这种悬挂与前面所说的标准多连杆悬挂的最大区别在于，其车轮上端不再有连杆作为支撑，因此它的耐冲击性和支撑性与麦弗逊一样，无法与标准多连杆悬挂相提并论。这种结构也无法实现多连杆悬挂那么精准的定位和调校。这种悬挂的优点是成本低、结构简单、质量小且占用空间小。

三、荣威 350 车型介绍及推荐

1. 车型概述

荣威 350 是上海汽车继荣威 750 和荣威 550 后推出的一款定位于 A 级市场的紧凑级轿车，同时也是荣威首款融入了 3G 技术的家用轿车。上海汽车明确表示，荣威 350 主要是针对热爱生活的年轻人而设计的一款家用轿车，当然也是一款适合中国三口之家代步出行的城市轿车。

在第十一届北京国际车展上，搭载 3G 智能网络行车系统的“全时在线中级轿车”——荣威 350 在全球首发上市，并对外公布了 5 款车型的售价。荣威 350 是上海汽车全新 A 级车战略平台的首个自主品牌车型，是国内首款信息化汽车，其搭载的智能网络行车系统依托联通的 WCDMA 3G 网络，可以实现信息检索、实时路况导航、电子路书、股票交易和社群交流等互联应用，开启了汽车的网络互联信息化时代。其外形如图 2. 2. 25 所示。

图 2. 2. 25　荣威 350

2014 年，荣威 350 全面升级，推出了 2014 款荣威 350，其油耗进一步降低，且全系增加了大灯高度调节、后视镜转向灯、驾驶模式选择（经济和运动）、弯道雾灯辅助照明和紧急制动双闪提醒。同时，新增了 2014 款荣威 350 1. 5T 车型，丰富了消费者的购车选择。

2. 品牌历史

荣威源自英国的罗孚，它拥有一百多年的历史，文化底蕴非常丰富，荣威取意“创新殊荣，威仪四海”。其标志的设计充分体现了经典、尊贵和内蕴的气质，由中国传统的红、黑、金三色构成，三种颜色的内涵如下：红色是中华民族的传统颜色，象征着热烈与喜庆；金色象征着富贵；而黑色则象征着威仪和庄重。其核心图案是两只屹立的雄狮护卫着华表，象征着中华民族的威严，不是所有的品牌都可以采用华表的设计，这种设计就是身份的象征。

3. 六方位介绍

（1）正面，如图 2. 2. 26 所示。

图 2. 2. 26　荣威 350 正面

独特的翼展饰条托起荣威的标志，使荣威的前脸看上去朝气蓬勃、舒展向上，如图 2. 2. 26 所示。

（2）侧面，如图 2. 2. 27 所示。

图 2. 2. 27　荣威 350 侧面

荣威 350 的侧面造型包括：羽箭立体感的腰线设计，正如一只将要离弦的箭，一触即发；水滴形的舷窗设计，经过空气动力学和人机工程学的综合考量；梭形的车头可降低风阻；拱形的车顶线保证其充足的内部空间。其设计实现了艺术与功能的完美结合。其风箱式的 USD 车身结构和按 NCAP 五星碰撞标准设计的被动安全系统，达到了中国和欧洲的双五星安全标准，以下为大家一一介绍：

①车身采用了大面积高强度双面镀锌强化钢板。

②荣威 350 全系配备了 ABS、EBD、CBC 和 BA 四位一体的高端安全系统。

③采用了 SRS10 功能安全气囊，在保证安全的同时，又能把因气囊冲击而可能造成的伤害降到最低。它的前通风后实心盘式制动器能保证散热迅速，且在过水路面不易失效。另外，它的双助力比制动力辅助装置可有效降低制动踏板力并缩短制动距离。这样的设计和配置保证了荣威 350 的刹车性能更安全、可靠，特别是保证了紧急制动的安全性。它具有电动加热外后视镜功能，加大款的外后视镜使视野更加宽广，并且四向电动可调，加热外后视镜能够清除外后视镜上的结霜和水汽，从而提高视野的清晰度，最终提高行车的安全性。

（3）侧方 45°，如图 2. 2. 28 所示。

其猎鹰眼式的前大灯，采用双圆环结构式反射瓦的仿生学设计，该设计能让光束更集中，并带有大灯延迟关闭功能，其温馨便利的设计融贵气与时尚于一身。其引擎盖的盾形特征线延续翼展式的格栅设计，与荣威品牌的特征相呼应，锋利的线条则营造出非凡的动势，给人以蓄势待发的感觉。它的飞狐式智能无骨雨刮，当调至间歇挡时，雨刮速度可随车速自动变化，从而能有效地降低高速行驶时的风噪和风阻。无骨雨刮具有受力均匀、作用面积大和使用寿命长三大优点，通过调整雨刮的安装位置，可达到欧洲的行人保护要求，真正体现

图 2.2.28　荣威 350 侧方 45°

出对人性的关爱。高质、环保的超安全玻璃采用陶瓷黑边涂层，绿色环保且可回收，其 PLA 粘接层可防止玻璃碎裂时发生飞溅，以保障前排乘员的安全。而它采用的全型面控制，可实现零差异的精细质监。

（4）后方，如图 2.2.29 所示。

图 2.2.29　荣威 350 后方

它鹰尾式的巧妙造型处理让尾部看起来更加灵动，后备厢的 cube 造型使它的容量最大化，从而达到形态与功能的平衡；458 L 的后备厢容积，能充分满足休闲和生活的需要。羽翼式尾灯组延续腰线的趋势，并连接尾部镀铬条形成整体的造型，飞翼式的设计与前脸 Flying－V 的格栅设计相呼应。灯组的红色通透式设计，透出星辰点睛般的功能灯，显得时尚且气派。它还配备了这个级别车型当中极少见的全息影像泊车辅助系统，具有测得准、测得稳、视野宽和反应快等优点，使驾驶者在倒车时观察后方的物体更直观，即使在光线不足的夜晚也可以清楚地分辨车后方的障碍物，使倒车更安全。

（5）驾驶室，如图 2. 2. 30 所示。

图 2. 2. 30　荣威 350 驾驶室

荣威 350 配有 Loetsch 全息数字式仪表，银亮的镀铬装饰圈呈现出 3D 立体效果，配上高雅的白色背景照明，其亮度可以四级调节，并带有多功能的行车电脑，可让驾驶者轻松掌握日常所需的行车信息，如平均油耗、续航里程、速度、引擎水温和燃油量等，从而大大提高行车的安全性。它的 Floating 悬浮中控台采用独特的悬浮设计理念，更贴近荣威品牌基因中飞翔的感觉，同时中控操作面板也采用 Flying - V 设计，与外饰互相呼应，并结合横向贯穿的水转印装饰条，强调了宽敞的横向空间。

荣威 350 采用的是 XBM 蓝韵系列音响系统，在经过上海汽车的精心调校后，其低音更清晰，高音域更具有节奏感，感觉仿佛身处于小型音乐厅中，使驾驶乐趣更丰富。它还具有非常多的配置，让你开车时不再感觉无聊。其 InkaNet 3G 智能行车网络系统采用了 USB 和 AUX 接口，能轻松播放各种音乐，并节省了购买 CD 的成本，高分辨率大尺寸的触摸显示屏能提供细腻的画面质感，让使用者享受到与众不同的车内生活，满足现代人的需求。它配备的 G2 语音导航系统，能对车辆进行精确定位，满足了出行的要求并提高了安全性，省去了查找地图的麻烦。G2 语音导航，除了具有定位准和精确度高的优点外，还具有其他导航设备所没有的蓝牙导入手机通讯录功能，让用户在车内接拨电话更加方便。

（6）发动机舱，如图 2. 2. 31 所示。

荣威 350 配备了由上汽英国技术中心最新研发的 VCT 高效能发动机，这款发动机采用了 VTI 多角度可变正时系统，整机的效率非常出色。而且其 1. 5 L 排量的发动机的功率达到 80 kW，甚至超过了很多 1. 6 L 排量汽车的功率，如朗逸的功率是 77 kW，别克凯越的功率也只有 78 kW。350 搭载的 SSG 5 速手动变速箱，以及日本爱信的自动变速箱，与 1. 5 L VCT

图 2.2.31　荣威 350 发动机舱

发动机完美匹配。另外 1.5 L 排量的发动机以车速 40 ~ 50 km/h 在城市道路上行驶时，其油耗要比 1.6 L/1.8 L 排量的发动机更低。它的百公里油耗只有 5.9 L，油耗小给日常用车带来了经济性。

4. 核心卖点介绍

1）外观

自上市 4 年以来，荣威 350 的外观并没有太大的变化，其 2014 新款的外观也只是进行了细微的调整，即在前脸处加入了钢琴烤漆和更多的镀铬装饰，除此之外，LED 转向灯被集成到后视镜上，如图 2.2.32 所示。而 1.5 T 车型也只是在车尾铭牌处有所改变。时至今日，荣威 350 简洁时尚的外观丝毫没有老气的感觉，大气耐看的外观依旧符合国人的审美标准。

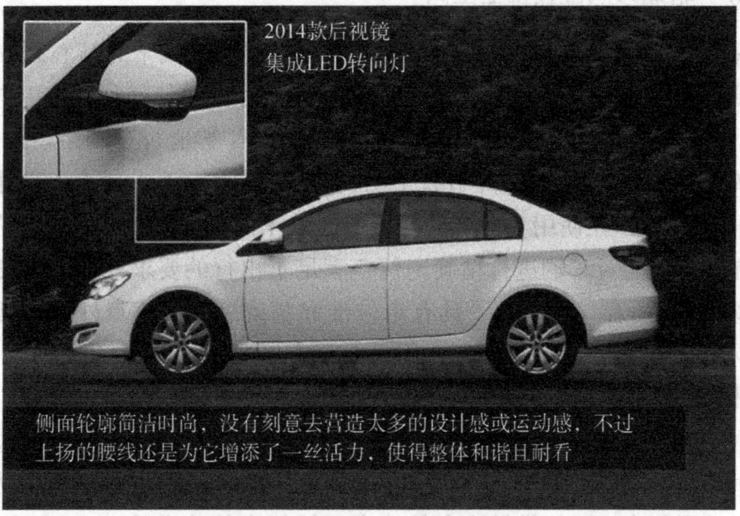

图 2.2.32　转向灯集成在后视镜上

2）内饰

在内饰方面，荣威350采用了深、浅两种配色，其造型与老款完全相同，整体风格简洁，上下布局清晰明了且上手容易。它的仪表盘采用半液晶式设计，视觉效果在同级别车中堪称一流。在材质方面，荣威350采用了较软的搪塑工艺，同时其内饰的拼接工艺也值得称赞，如图2.2.33所示。

图2.2.33　荣威350内饰

3）配置

在配置方面，荣威350配备了防抱死制动系统（ABS）、电子制动力分配系统（EBD）、车辆稳定性控制系统（VSC）、转向制动控制系统（CBC）、牵引力控制系统（TCS）等众多主动安全系统，如图2.2.34所示。而它在被动安全配置方面也同样厚道，创新的强化型USD车身结构、SRS六方位一体式安全气囊及前排高度可调的预紧限力式安全带的配置一应俱全。

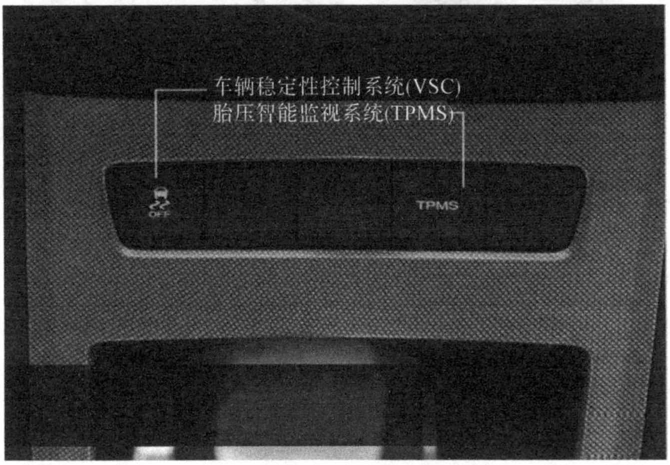

图2.2.34　VSC稳定程序

4）空间

它的座椅采用了真皮材质，整体宽大厚实，舒适性不错。虽然支撑性不算太好，但包裹性出色，长时间乘坐也不会有疲惫感，如图 2.2.35 所示。荣威 350 的整体表现令人满意，这得益于它 2 650 mm 的轴距。身高 172 cm 的体验者坐在前排将座椅调整至正常位置，头部仍有一拳二指的空间，如图 2.2.36 所示。后排的头部空间同样为一拳二指，腿部空间则两拳有余，在同级别车中属于中上水平，如图 2.2.37 所示。它唯一的不足之处是中央地台较高且宽，但这并不影响第五位乘员的正常乘坐。

图 2.2.35　荣威 350 座椅及空间

图 2.2.36　荣威 350 前排座椅空间

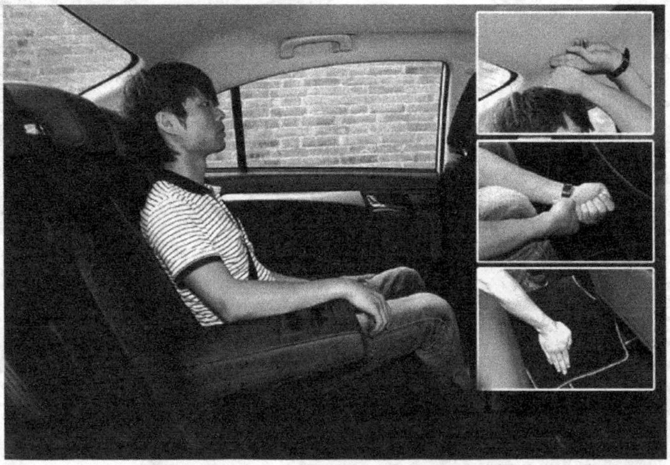

图 2. 2. 37　荣威 350 后排座椅空间

5. 三大优势

1）动力与操控

荣威 350T 搭载的 1. 5T Hyperboost 涡轮增压发动机的最大功率为 95 kW（129 ps）/ 5 500（$r \cdot min^{-1}$），最大扭矩为 210 N · m/［2 000 ~ 4 400（$r \cdot min^{-1}$）］，如图 2. 2. 38 所示，其参数在同级别车中并不显眼，但相比 1. 5 L 自吸发动机来说动力还是提升不少。

图 2. 2. 38　1. 5T Hyperboost 涡轮增压发动机

在变速箱方面，与 1. 5T 发动机搭配的是 6 速手动和 6 速手自一体变速器，如图 2. 2. 39 所示。此次的试驾车型配备的是 6 速手自一体变速箱，其换挡积极平顺，逻辑清晰，增加的手动模式使驾驶乐趣提升不少。

荣威 350 不是一款强调性能的家用车，就算加入了涡轮增压发动机也是如此，其动力输出的平顺可靠才是它关注的焦点。2 000 转的涡轮介入转速的时间较靠后，这也使得它的起步更加平稳，不会有被"踹"的感觉，能让驾驶员在都市行驶中显得更从容。

图 2.2.39　6 速手自一体变速器

2）转向能力

荣威 350 采用的是液压助力转向，整体感觉偏重，在都市低速行驶和泊车的情况下稍显费力，当然，这些感受更多的是针对女性驾驶员而言的。除此之外，它指向性明确，路感清晰，是一台容易驾驶的小车。

3）悬挂系统

荣威 350 的悬挂采用了在同级别车中占主流的前麦弗逊式独立悬挂，后扭力梁式半独立悬挂。其悬挂整体调校前硬后软，有着不错的操控感和舒适性。在空载情况下过一些小坎时的颠簸感较明显，但当坐上两三个人，再加载些行李后，就会发现其舒适度提升不少，能很好地过滤路面的细小起伏，且底盘的感觉也非常整体。

任务 2.3　18 万～25 万中型（B 级）家用商务两用三厢轿车的选购

一、凯美瑞车型介绍及推荐

1. 车型概述

凯美瑞自 1982 年创立以来，平均每分钟就有一位新车主选择凯美瑞。创立以来，历代凯美瑞的销量都持续领先，并赢得了全球 1 600 万车主的信赖，成为真正意义上的全球高级轿车之中的王者。本着“创造中高级轿车全球新标准”的理念开发的凯美瑞颠覆了此前人们心目中对中高级车的固有形象。什么是中高级轿车的全球新标准呢？尊贵的外形、舒适的内部空间、完美的驾乘体验，在同级别车中拥有最高的安全和环保标准，以及无所不在的高科技配置。凯美瑞从这些方面对这个问题给出了完美的答案。

2013 年 3 月 13 日，广汽丰田官方表示，公司旗下的 2013 款凯美瑞增值版正式上市。新车的官方指导售价为 17.98 万～20.98 万元，并新增加了搭载 2.0 L 发动机的 2.0E 精英版和 2.0G 舒适版，以及搭载 2.5 L 发动机的 2.5G 舒适版这三款车型。增值版车型在配置上有一定的缩减，但售价却更加实惠，它在丰富凯美瑞产品线的同时也降低了购买的门槛。

2. 性能分析

增值版车型在科技配置上有所缩减，其中的2.0G舒适版相对于现款2.0G豪华版来说，减少了6英寸多的媒体触摸屏、蓝牙电话、倒车影像，同时将前大灯改为卤素大灯，并采用单碟CD系统。而2.0E精英版在此基础上又减少了真皮方向盘、电动天窗、前排座椅电动调节和加热功能，并配备了针织物的座椅。另外，2.5G舒适版相对于现款2.5G豪华版来说，减少了氙气大灯、6英寸多的媒体触控屏、无钥匙起动系统、倒车影像和定速巡航等功能。

尽管增值版在科技配置上有所缩减，但在动力方面，它所搭载的2.0 L和2.5 L自然吸气发动机还是与现款车型的一样，同时，它分别与4速手自一体自动变速器和6速手自一体变速器匹配。2.0 L发动机能提供最大109 kW（148 ps）的动力输出，而2.5 L发动机则拥有135 kW（184 ps）的最大动力输出。

凯美瑞整合了丰田全球最新的设计理念。丰田汽车的总工程师川本先生说："在凯美瑞的开发过程中，我们注入了老一代CAMRY所没有的奢华基因，赋予其更为优雅的气质，同时，我们也将动感的元素融入其中。"承袭一贯的卓越优雅，凯美瑞在"Dynamic yet majestic（动感而不失尊贵）"的开发理念的指引下将现代美学的精粹推向了更高的层次。它俊逸不凡的外形，在动静之间，气度顷刻流露，尊贵与进取之气浑然天成。在"三维外型"的设计理念下，其凹面和凸面的运用更加合理，尤其是前部及尾部的双凹型设计，融威严的尊贵感和进取的冲击力于一体，使凯美瑞不论从哪个角度来看，都无懈可击。而各式灯具的应用更起到了画龙点睛的作用，精密的带AFS的HID头灯使车辆的头部看起来炯炯有神，带有LED的刹车灯与圆形尾雾灯并排组成熠熠生辉的灯簇，更为独特的是镶嵌在后视镜上的转向灯，使车辆在车流中卓然不群。凯美瑞的整车尺寸分别为4 825 mm（长）×1 820 mm（宽）×1 485 mm（高），轴距为2 775 mm，轮距为前1 575 mm、后1 560 mm。与前代相比，其整车长度和宽度略有增加，而轴距、轮距的增加幅度则更大，轴距及前、后轮距分别增加了令人惊讶的55 mm、30 mm和25 mm，加之更高效的空间利用，这使得凯美瑞拥有比前代更宽阔、更舒适的内部空间。其车身内部的空间空前宽大，而内饰的选材也非常考究，从而幻化出豪华、舒适的感受，并创造出一个优雅与清新并存的理想的驾乘空间，置身其中仿佛翱翔驰骋于天际，优越之感无可比拟。凯美瑞的车厢设计开扬而宽敞，其前、后排空间都得以大幅度提升，使得驾驶员与乘员都可以极其舒适地舒展自己的腿部。它的中控台及座椅经过特别的设计，从而刻画出强烈的空间感。全新设计的四幅式方向盘可以自由调节高度和倾角，动感十足并且非常舒适。其仪表板上附有多种资料显示屏，让驾驶资讯尽在掌握。从中控台到变速杆台面，以及从中控台至门内侧的线条非常简洁顺畅，让优雅与清新的感觉彰显无遗。

3. 六方位介绍

（1）正面，如图2.3.1所示。

凯美瑞采用了引领潮流的时尚外形，前部的"X"造型富有活力和冲击力，彰显出积极进取的态度；散热前格栅采用横向三条式设计，能唤起一种尊贵和宽阔的敦实感，梯形设计的宽大进气格栅，不仅提升了散热性能，更显得稳重、气派而且其大小适中，整体给人感觉亮丽优雅。

图 2.3.1　凯美瑞正面

（2）侧面，如图 2.3.2 所示。

图 2.3.2　凯美瑞侧面

凯美瑞的车身线条流畅，稳重气派，低重心的车身形态前低后高，符合空气动力学原理，这种设计可降低整车的风阻系数。

整车长 4 825 mm，宽 1 820 mm，高 1 485 mm，轴距达到 2 775 mm，能提供非常宽大而舒适的乘坐空间。配合超大的电动可折叠亲水加热后视镜，且其外后视镜还附带倒车辅助系统，可提高行车安全性。

凯美瑞的悬挂是麦弗逊式独立前悬挂和双连杆式的后悬挂，在乘坐舒适的同时还实现了 5.5 m 的最小转弯半径。

其轮胎采用 215/60 R16 的大尺寸轮胎，配上 10 幅铝合金魅动轮毂，显得高贵、大气，同时也带来良好的抓地性和抗振防颠簸效果，不但让驾乘倍感舒适稳定，而且具有良好的路面适应性。

（3）侧方 45°，如图 2.3.3 所示。

图 2.3.3　凯美瑞侧方 45°

凯美瑞前脸中央的丰田标志具有浮凸感，显得锐气十足，镀铬环框设计的前雾灯为车头更添进取感，如图 2.3.3 所示。HID 氙气前大灯的亮度高、使用寿命长，并且附带大灯自动清洗及水平调节和智能随动系统，能增加行车的安全性。它的亲水式前风挡玻璃在晴天时可以有效地防止紫外线，在雨天时可以起到阻止雨水形成水膜的作用，以保证驾乘人员的视线清晰。

（4）后方，如图 2.3.4 所示。

图 2.3.4　凯美瑞后方

凯美瑞的大型组合尾灯融合了流畅的后部车顶曲线，并与侧车身、后备厢盖及后保险杠形成了和谐的组合，这一设计大大提高了车尾部的整体稳重感和力度。其后窗具有自动除雾功能，它还可以在雨天除去后窗玻璃上的积水，提供给驾驶员清晰的后方视野。车顶上面还设有隐藏式天线，其灵敏度好，接收信号清晰。其后备厢的容积达到 504 L，可同时放入 4 个高尔夫球袋。凯美瑞尾部还安装有倒车摄像头及高灵敏度的倒车雷达，它可以将车后的情况清晰地反映出来，使倒车无忧。

（5）驾驶室，如图 2. 3. 5 所示。

图 2. 3. 5　凯美瑞驾驶室

凯美瑞配置了智能钥匙进入系统，只需携带钥匙走近车门 0. 7m 之内的距离，轻轻一拉，门就打开了。当驾驶者坐进车里，轻轻一按，爱车即起动待发，这一设计是高科技与便利性的完美结合。

它的驾驶座是集 8 方向电动调节、加热和记忆多功能为一体的座椅，便于驾驶者找到并记忆最佳的坐姿，另外，座椅的电加热功能使驾驶者在寒冷的季节倍感温暖。它甚至适合身高 195 cm 的驾驶者，所以不会有内饰显得太小的烦恼。

凯美瑞采用了立体式自发光仪表盘，并采用双环镀铬装饰条，三层立体显示，高雅亮丽。而且其仪表盘内设有多功能信息显示屏、高品质车载影音系统并采用了新型 DSP 数字信号处理系统，从而使音质更清晰并达到高保真的效果；其收音机的调谐器经过数字化处理，使得播放无噪声。

它搭载的手自一体 5 挡变速箱，具有加速迅猛强劲且换挡顺畅的特点，在保证驾驶者享受手控驾驶乐趣的同时，又能实现低振动、低噪声和低油耗，使驾驶者在举手之间轻松体验激情四溢的操控感受；它的智能坡道控制逻辑系统还能在车辆向前上下坡时有效地控制变速箱换挡，既延长了变速箱的使用寿命，又提高了驾驶的安全性。

凯美瑞采用自动双区独立控温空调，驾驶席与副驾驶席可分别进行温度设置，后排还设有空调出风口，满足了车内乘员的不同需要；加上光触媒空气清新器和等离子发生器的运用，能够起到杀菌、除异味以及净化车内空气的作用，从而始终保持车内空气的清新、自然。

凯美瑞拥有宽大的双层电动天窗，分为翘起与滑动两种模式，使得它的采光和通风效果都很好，并且其具有电动防夹功能，能使您在驾车外出时获得极好的开阔感和舒适感。采用 LED 光源的车顶天窗迎宾照明，能营造出如同夜空中星云浮动般安心舒适的车内氛围。

（6）发动机舱，如图 2. 3. 6 所示。

图 2. 3. 6 凯美瑞发动机舱

凯美瑞的发动机采用的是丰田独步全球的 VVT－i 发动机，它通过改变进气量和排气量来实现大功率、强劲动力以及超低油耗的平衡，其最大功率为 123 kW/6 000（$r \cdot min^{-1}$），最大扭矩为 224 N · m/2 250（$r \cdot min^{-1}$），在实现强劲动力的同时降低了油耗，减少了排放。

丰田的直接点火系统（TDI），减少了高压损耗，使点火更精确，发动机运行更可靠，动力输出更充分；凯美瑞采用曲轴偏置技术和树脂齿轮平衡轴以减少发动机的磨损和振动，同时，通过电子节气门控制直接点火系统，使点火更精准、更省油。

凯美瑞的全方位超静音工程及发动机舱隔音降噪设施包括：整车采用全方位隔音、吸音和风噪弱化的三维静音工程；在车的底盘、车门、玻璃、顶部和轮罩等各个部位都采取科学、高效的隔音降噪工艺。其发动机舱盖下面安装了非常厚实的隔音棉，而发动机与驾驶室之间也采用了高效的隔音和隔热材料。其静音效果可以媲美高级轿车，怠速时基本听不到发动机的声音，即使当车速达到 120 km/h 时，其噪声值仍相当低，丝毫不影响车内人员的低声交谈。

4. 核心卖点介绍

1）内饰

在内饰方面，新一代凯美瑞虽然沿用了米、黑搭配的内饰色调（无深色内饰），但其饰板的配色却采用了相对沉稳的棕色桃木内饰，如图 2. 3. 7 所示。

凯美瑞标准版采用了四幅式方向盘，而且增添了棕色桃木装饰，仍然是以沉稳、大气的基调为主，如图 2. 3. 8 所示。另外，凯美瑞标准版新增了速度巡航功能。

图 2.3.7 凯美瑞内饰

图 2.3.8 凯美瑞方向盘

新一代凯美瑞的中控人机互动系统增加了手写功能，这个功能很实用，特别是在使用导航功能时其实用性异常明显。该人机互动系统集成了导航、音响控制、车载电脑、倒车影像等功能，如图 2.3.9 所示。

凯美瑞标准版的高端车型增加了后排控制区，这个设计对于后排乘员而言是非常实用的，很符合新一代凯美瑞的定位诉求。新一代凯美瑞还配备了 Panasonic Nanoe 纳米负离子空气保湿净化系统，通过释放带电的微粒子来实现净化空气的功能。其空调系统通过使用“nanoe”技术电离氧离子，使得细小的水分子紧紧包裹着离子，并通过驾驶席侧的出风口释放到车内空气中，在除菌和除臭、净化功能的基础上，还具有保湿的功能，能为车内乘员提供更优质的车内环境，如图 2.3.10 所示。

图 2.3.9　中控人机互动系统

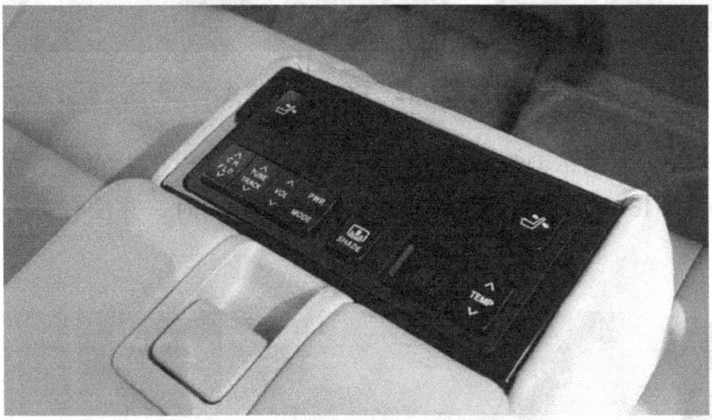

图 2.3.10　凯美瑞后排控制区

在中控台的设计方面，无论是从美观的角度还是从实用的角度来审视，它都不具备任何亮点，如图 2.3.11 所示。其导航系统只在顶配车型上才装配这一点实在有点说不过去，幸好其触屏操作界面的友好度较高，响应速度也非常快，不过功能却显得十分单一。幸运的是，选择凯美瑞尊瑞的车主大多不需要炫目而烦琐的功能。其中控台按键的布局非常合理，按键和旋钮的阻尼设计也恰到好处，使得操作更加顺手。

图 2.3.11　凯美瑞中控台

该车型加入了 ECO 节油模式，在 D 挡时会自动开启，开启后变速箱升挡很积极，关闭后升挡稍显迟缓，如图 2. 3. 12 所示。

图 2. 3. 12　ECO 节油模式

新凯美瑞所有 2. 5 L 的车型都配备了“一键起动”功能，这样的配置在同级别车型中已经很常见，如图 2. 3. 13 所示。在凸显时尚感与科技感的同时，并没有对用户的使用带来太多改变。

图 2. 3. 13　一键起动

凯美瑞标准版还增加了前排座椅通风和加热功能，对于真皮座椅来说，这个配置还是非常实用的，如图 2. 3. 14 所示。

2）空间

新一代凯美瑞采用真皮打孔设计，座椅很宽大，与现款车型的差异不大，其最大的变化是头枕，新一代凯美瑞对头枕进行了全新的人体工程学设计，使之更加舒适。

新一代凯美瑞在维持与现款相同轴距的前提下，其前排座椅前移了 7 mm，而后排座椅位置后移了 8 mm，这使得前、后座椅之间的距离增加了 15 mm，从而增加了乘坐空间。图 2. 3. 15 中的体验者身高 183 mm，调整好座椅后，前排的头部空间约有一拳的余量，后排

图 2. 3. 14　凯美瑞前排座椅通风和加热按钮

的头部空间约有 2 指的余量，腿部空间则有两拳的余量，如图 2. 3. 15 和图 2. 3. 16 所示。

图 2. 3. 15　凯美瑞前排座椅空间

图 2. 3. 16　凯美瑞后排座椅空间

(3) 外观及车身尺寸，如图 2.3.17 所示。

图 2.3.17　凯美瑞外观尺寸

新一代凯美瑞的长、宽、高分别为 4 825 mm、1 825 mm 和 1 480 mm，相比现款第六代车型的 4 825 mm、1 820 mm 和 1 485 mm，变化只是在于宽度增加了 5 mm、高度缩小了 5 mm。在轴距方面，新一代凯美瑞依然为 2 775 mm，与现款车型完全相同。

4）动力总成

新一代凯美瑞将老款车型的 2.4 L 发动机和 5 速自动变速箱升级为 2.5 L 双 VVT－i 发动机（见图 2.3.18）和 6 速自动变速箱（其中的运动版配备了换挡拨片）（见图 2.3.19），其最大输出功率可达 135 kW，最大扭矩可达 235 N·m；而 2.0 L 排量的低端车型，仍将沿用现款车的动力总成。全新设计的凯美瑞的风阻系数达到了 0.28，在高速行驶时很稳健；其新配备的电子助力转向系统（EPS），使得低速行驶时转向很轻盈，高速时转向很沉稳，但就算是最轻盈的状态也要比现款凯美瑞显得重些，它在低速行驶时方向盘有一定的虚量，高速行驶时则有一定的改善。

图 2.3.18　凯美瑞 2.5 L 发动机

图 2.3.19　新 6 速手自一体变速器

与老款凯美瑞相比，新凯美瑞在油门的调校方面显得更加线性。在实际驾驶中，发动机动力的提升并没有给我们在感官上带来什么翻天覆地的变化。车辆的整体调校依然以舒适为主，而在驾驶中，最明显的感觉就是发动机噪声的确比老款低了不少，尤其是在急加速的情况下，新凯美瑞的表现更加沉稳，而不像老款那样“扯着脖子干吼”。

与新凯美瑞的发动机匹配的是一款 6 挡手自一体变速器，在高速平稳行驶状态下，它的油门响应相当迅速，而在急加速的情况下则略有延迟，这当然是为了确保经济性而有意进行的调整。在生产厂家的眼中，凯美瑞的卖点不在于其发动机的动力输出或者传动组合的匹配。对于 2.5 L 的发动机，只要不是用太粗暴的方式使用，任何时候凯美瑞都能给你温文尔雅的感觉，且更加照顾到除驾驶员以外的乘员的感受。

5）悬架

新凯美瑞依然采用了前麦弗逊和后双连杆的悬挂系统。在试驾中，虽然现行新凯美瑞的操控表现与前代车型相比已有了长足的进步，且整体感觉扎实不少，但是为了能够迎合消费市场的喜好，原厂在悬挂系统设定上对于舒适性的考量仍大于对操控性的考量，车辆多能称职地化解可能让人感觉不适的车身弹跳，再搭配隔音良好的车室，该车型的乘坐品质着实出色。

二、迈腾车型介绍及推荐

1. 车型概述

迈腾源自和帕萨特 B6 关系紧密的 Future B6，这也是一汽大众建厂以来生产和销售的第一款 B 级轿车。据一汽大众解释，“迈”寓意自信、果决和动感，“腾”表示腾飞、超越和激情。从 B6 开始，最新的大众 B 级轿车开始在一汽大众生产，也就是 Magotan 迈腾系列。在 2010 年的巴黎车展上，大众第七代 B 级车正式亮相。B7 继续由一汽大众引进国内，并继续命名为 Magotan 迈腾。为了满足消费者对舒适性的需求，B7 还对原型进行了加长，媒体称之为迈腾 B7L，即全新迈腾。

作为大众汽车品牌——帕萨特 B7 的长轴距版，全新迈腾汇集了大众汽车历经六代、整整 38 年的 B 级车发展中所积累的造车理念和品牌文化，并凭借不断创新的精神汇集了大众最新的设计语言，以及该级别车型中最先进的汽车技术和最严格的制造标准，它是第六代大众B级车迈腾的全新升级换代产品。

全新迈腾的研发过程历时4年之久，它凝聚了一汽大众与德国大众双方工程师的智慧与创造力，它不仅是一款原汁原味的德系高级轿车，同时也是一款以中国市场为设计原点并具有中国独特元素的高级轿车。

作为一款创新的豪华德系高级轿车，全新迈腾是按照C级车的生产标准制造的，无论是在新技术的采用方面还是豪华的程度方面，全新迈腾都达到了细分市场前所未有的高度。它凭借大设计、新科技和高品质的产品优势，全面刷新了国内B级车的豪华标准，重新定义了B级车。

全新迈腾的设计由大众新辉腾的设计团队完成，它借鉴了大众顶级豪华轿车辉腾的设计元素，在外观和内饰方面都渗透着大众高端车那种低调而豪华的设计风格，整体效果舒展而大气，它完美地诠释了德系高级轿车的豪华风范。

2. 性能分析

从整车来看，全新迈腾显得更加修长、大气。在大众第七代B级车研发之初，其研发团队就决定专门为中国市场同步开发长轴距版的全新迈腾。与上一代迈腾相比，其轴距增加了100 mm，达到2 812 mm，同时，其整车的长、宽、高分别达到4 865 mm、1 820 mm和1 475 mm，这也是主流B级车市场上长轴距车型的典范。

长轴距的优势是让全新迈腾拥有超越主流B级轿车的乘坐空间，其内部有效乘坐空间可达1 897 mm。尤其是后排的头部空间可达到961 mm，且膝部空间比上一代迈腾加长了57 mm，可以让驾乘者拥有更加舒适的车内环境。

从前脸来看，全新迈腾的整体设计与辉腾的X造型如出一辙，大面积的镀铬装饰和双横向线条的使用，尽显其尊贵不凡的王者气质。其前格栅采用加宽的双四条水平设计，并以四道“明亮、亚光”相间的双镀铬饰条镶嵌其中，充满豪华的气息。前大灯造型采用了凌厉的矩形设计，其中，一组由15颗LED灯组成的日间行车灯组格外显眼，勾勒出“J”字型线条，再加上全新的宽幅镀铬前雾灯，使全新迈腾在外观上拥有璀璨耀眼的视觉冲击力。随动转向双氙灯+低速独立辅助转弯照明的设计，则让驾乘者倍感安全和便利。其车灯部分和发动机盖部分形成横向的整体，让整车显得更宽大。

自头灯开始，两条“锐棱”形成的腰线分别沿着两侧前叶子板，穿过窗框下缘，一直延伸至车尾，使得车身侧面显得修长、健硕而又富有动感。由于两条“锐棱”采用了冲压模具零圆角的工艺，两条腰线显得力道十足且更加精准。上部的锐棱与车身线条相互照应，形成了双腰线设计，再配合突出的轮毂线条和下移至底部的镀铬防擦条，让车身侧面在视觉上显得更加稳重。

全新迈腾的尾部造型更加简洁，其车尾设计放弃了楔形设计，转而使用更加平滑的线条来衬托整车的沉稳。尾灯由上一代迈腾的圆灯回归到多边形的设计，多颗LED组件构成显眼的与辉腾类似的M造型，也让全新迈腾在沉稳中带有几分独特的韵味。

从整体外观来看，全新迈腾采用了环顾式的线条设计，其所有线角都能够彼此呼应。例如，水平镀铬格栅的折角与头灯的内部线条，以及下部进气坝上的折角在比例上完全统一；从前大灯锐角延伸而出的腰线与完整后备厢的棱线衔接；侧面镀铬防擦条与前保险杠及尾部镀铬装饰保持同一高度，形成两条可以完整包围车身的平行环绕线。这样的设计也充分体现了豪华车成熟而浑厚、平稳的设计。

全新迈腾的内饰经过重新设计，采用了流畅而雅致的典型欧式风格，并遵循了人体工程学原理和高效率设计原则，营造出撼人心弦的豪华气质。

德国大众的最新款软质材料的仪表板完美融入车厢设计的布局，分离的色彩和仪表盘的强力线条在车门上继续延伸，通过它创建出一个动态的弧形装饰氛围。空调装置与音响面板区分别处在两个平面架构下，这一设计体现了通常仅应用在大众高端车上的分区式设计理念。在中控台的设计上，全新迈腾的各种按钮布局整齐而又不刻板，并新增加了自动泊车和发动机起动按钮。

从整体内饰材质来看，全新迈腾通过大面积采用纯铝拉丝饰板覆盖、真桃木装饰和内部植绒等方式营造出整体的高贵气息。此外，遍布车厢内部的质感极强的亚光镀铬件，如空调出风口外缘的细亮条、方向盘的快拨键周围、换挡操控区、仪表板内部、车门把手和饰板等处，使得全新迈腾的豪华气质变得触手可及。

值得一提的是，全新迈腾还采用了其专属的带有发光功能的高档迎宾踏板和与辉腾相同的指针式石英钟设计，这些细节无一不在展现着其巨细靡遗的豪华诉求。

总的来看，无论是在外观上采用全新的设计语言，还是注重内饰材质与设计感的并重，这些通常只应用于C级豪华车上的元素均被全新迈腾引入设计当中。相信在很长一段时间里，全新迈腾都将在豪华设计和材质的应用方面，重新定义B级车的新标准。

3. 六方位介绍

（1）正面，如图2.3.20所示。

图2.3.20　全新迈腾正面

全新迈腾的正面设计显得硬朗大气，沉稳有加。四条双镀铬的前进气格栅给人以非常高档的感觉，笔直的横拉式设计赋予全新迈腾强大的力量感，镀铬的外凸式标志设计强化了品牌的感染力。在前进气格栅两旁，钻石切割造型的双氙气头灯镶嵌其中，造型刚毅、大气。值得一提的是，迈腾采用第三代AFS智能随动转向氙气大灯，其远近光均为氙气光源，夜间行驶时感觉非常好，这种灯不仅亮度高、射程远，而且经过特殊调校后，灯光不像某些车型那样非常刺眼，这对于相向行驶的车辆也非常安全。

此外，全新迈腾所采用的AFS随动转向大灯不仅能够根据车辆的转向角度而旋转透镜，从而照亮弯道内侧的路面，还能根据路面的起伏状况以及车速的快慢自动调节灯光照射高度和射程，这大大提高了驾驶的安全性。

（2）侧面，如图2.3.21所示。

图2.3.21　全新迈腾侧面

全新迈腾的侧面设计流畅、典雅、庄重而又不失动感，一气呵成，非常精致，让人不由得感叹这仿佛是一件鬼斧神工的艺术品。其大面积的侧窗镀铬饰条明显提升了全新迈腾的档次感，不仅如此，镀铬饰条的使用还让全新迈腾在刚毅之中显出一丝柔美，不禁让人赞叹。在镀铬饰条中间，全新迈腾拥有同级别车中最大的侧窗，让您无论处于前排还是后排都不会觉得压抑，乘坐感觉相当好。值得一提的是，全新迈腾的后窗采用隐私玻璃，在有效阻挡烈日的同时也能很好地保护后排乘员的隐私，其设计非常人性化。

（3）侧方45°，如图2.3.22所示。

图2.3.22　全新迈腾侧方45°

全新迈腾的车长4 865 mm、宽1 820 mm、高1 475 mm，轴距高达2 812 mm，车身越长对于操控性的影响也越大，在这方面，全新迈腾显然考虑得更为全面，既保证了乘坐空间，又保证了良好的操控性。

（4）后方，如图 2.3.23 所示。

图 2.3.23　全新迈腾后方

全新迈腾的尾部设计在很大程度上借鉴了大众顶级车型辉腾的设计元素，其尾部的设计高档而稳重，与前脸呼应。全新迈腾的尾部采用水平镀铬饰条装饰，给人高档大气、非常尊贵之感。

从两侧看，全新迈腾的尾灯采用了辉腾的设计风格，92 颗 LED 灯泡呈双 M 型点亮，非常气派，夜间行驶时，犹如辉腾般夺目耀眼。此外，其 LED 尾灯具有亮度高、反应快、寿命长和能耗低等特点，给人的感觉非常好。

在全新迈腾的后备厢中间，大众的标志非常显眼，其功能也非常多。它集成了后备厢开关，并且内置倒车摄像头，在挂倒挡时，其尾部标志可自动翻开，并伸出摄像头，科技感非常强，档次感也明显提升，其实这样的设计也是出于大众贴心的考量，隐藏式摄像头能够防止平时使用时对摄像头的刮伤，设计十分精妙。

（5）驾驶室，如图 2.3.24 所示。

图 2.3.24　全新迈腾驾驶室

全新迈腾驾驶舱的设计非常典雅精致，且用料考究。横拉式的仪表台设计看起来非常端庄，从上往下看，整个仪表台的层次感非常强，仪表板采用发泡材质制造，柔软而且没有异味，能保护驾乘人员的身体健康，而且在发生紧急情况时，它不会断裂成尖锐的刺角，非常安全。在仪表台下方，全新迈腾采用倾斜式的仪表板设计，便于实时观察行车信息，炫白的背光也非常醒目，而且灯光柔和不刺眼，感觉非常好。

在中控台上，全新迈腾采用了经典的复古石英钟，显得非常典雅，它与车辆的数字式时钟同步，并且镶嵌在装饰条上，非常美观；它倾斜地置于仪表台的内侧，让驾乘者哪怕迎着阳光也能清晰地查看时间，这一设计非常实用。

（6）发动机舱，如图 2. 3. 25 所示。

图 2. 3. 25　全新迈腾发动机舱

全新迈腾的发动机舱设计得非常整洁、精致。采用隔音棉和液压挺杆设计的发动机盖让人感觉非常高档，且使用更加方便，隔音效果也更好。与大众其他车型相同，全新迈腾也采用了颜色管理系统，能够方便日常检查车辆的各项油液是否充足，非常人性化。其发动机液压悬浮设计与可溃缩式转向柱等都能在紧急时刻最大限度地降低人身伤害，从而起到保护驾乘人员安全的作用。

4. 核心卖点介绍

1）外观

关于车身尺寸，全新迈腾的长、宽、高为 4 865 mm × 1 820 mm × 1 475 mm，如图 2. 3. 26 所示，与老款迈腾相比变化不大。二者的主要差别还是体现在车长上。与欧版 B7 相比，全新迈腾将轴距加长了 100 mm，达到了 2 812 mm，其目的就是改变老款迈腾空间小的问题。

和新帕萨特裸露在外面的摄像头不同，全新迈腾的摄像头是隐藏在 LOGO 里面的，当挂入倒挡时，LOGO 会自动翻折并弹出摄像头。这样设计的好处是让车尾部更加简洁，同时也能对摄像头起到防尘和保护的作用，如图 2. 3. 27 所示。

图 2. 3. 26　全新迈腾外观尺寸

图 2. 3. 27　隐藏摄像头

2）内饰

对于内饰颜色的调整是全新迈腾最成功的地方，因为老款迈腾那种暗红色的仿实木装饰已经沉闷到让人有窒息的感觉了，如图 2. 3. 28 所示。全新迈腾明显意识到了这一点，所以

图 2. 3. 28　老款迈腾的内饰

这次选用的胡桃木饰条的色彩和纹理都非常好，档次感明显得到了提升。这要比仍然“守旧”的新帕萨特好多了。另外，胡桃木饰条并没有疯狂地贴满整个中控台，而是与银色饰板搭配使用，这样兼顾了车内的档次感和质感。这样，不管什么年龄的人坐进去都不会觉得与自己的年龄不符，如图 2. 3. 29 所示。

图 2. 3. 29　全新迈腾的车内装饰条

3）配置

中控台上 6. 5 英寸的影音娱乐系统大家已经非常熟悉了，根据配置不同其功能也有所差异。其功能最多包括 DVD、6CD/MP3、GPS、USB、SD、蓝牙电话、AUX－IN 接口、30 GB 硬盘和倒车影像，如图 2. 3. 30 所示。

图 2. 3. 30　6. 5 英寸影音娱乐系统

石英钟和一键起动功能同样是全新迈腾增加的配置。略带复古感的石英钟给人感觉十分典雅，在气质上也符合全新迈腾的整体定位，如图 2. 3. 31 所示。专门的一键起动功能对于迈腾是一项全新的配置，其精致的起动按钮在感官上就给人留下了非常好的印象。至于操作，现在起动车辆已经有两种方法可选，其一是继续插入钥匙再长按 2 s 起动；其二是轻轻一点“ENGINE START”按钮，由电脑完成通电、解锁、着车等步骤，如图 2. 3. 32 所示。

图 2.3.31　全新迈腾石英钟

图 2.3.32　一键起动

4）空间

对于身高 180 cm 的体验者来说，全新迈腾的内部空间绝对算是充裕了。坐入前排时，头部空间为一拳多一点点，如图 2.3.33 所示。后排空间绝对是全新迈腾的重点，也是迈腾

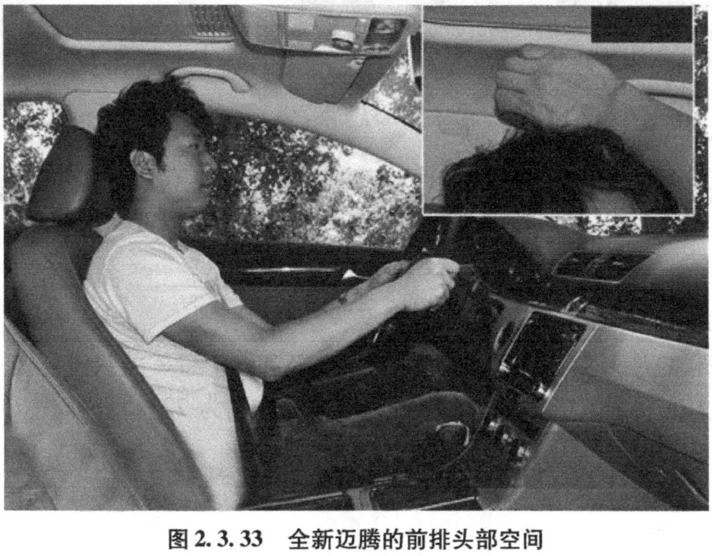

图 2.3.33　全新迈腾的前排头部空间

向纯商务车转型的重要标志，如图 2. 3. 34 所示。用官方的数据来说，其后排的腿部空间达到了 135 mm。从图 2. 3. 34 和图 2. 3. 35 中也可以看出，其后排的腿部空间确实宽敞了很多，通过实际测量，我们也可以确定，全新迈腾的后排空间在中级车中算是非常出色的，如图 2. 3. 35 所示。

图 2. 3. 34　全新迈腾后排空间

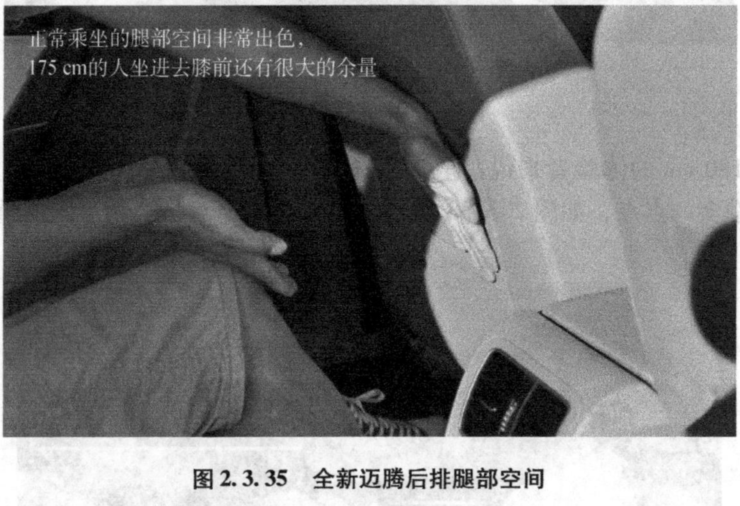

图 2. 3. 35　全新迈腾后排腿部空间

5）动力总成

迈腾蓝驱搭载的是 1. 4TSI 发动机，其型号为 EA111，与 7 挡双离合变速箱搭配，最大功率为 96 kW（131 ps）/5 000（$r \cdot min^{-1}$），最大扭矩为 220 N · m/1 750 ~ 3 500（$r \cdot min^{-1}$），如图 2. 3. 36 所示。

图 2. 3. 36　1. 4TSI 发动机

三、新蒙迪欧车型介绍及推荐

1. 品牌概述

福特（Ford）是世界著名的汽车品牌，它是美国福特汽车公司（Ford Motor Company）旗下的众多品牌之一，其公司名称及品牌名称“福特”来源于其创始人亨利·福特（Henry Ford）的姓氏。

福特汽车公司是世界上最大的汽车企业之一。该公司创立于 20 世纪初，它凭借创始人亨利·福特提出的“制造人人都买得起的汽车”的梦想和卓越的远见，历经一个世纪的风雨沧桑，终于成为世界四大汽车集团公司之一。截至 2013 年，它拥有的世界著名的汽车品牌包括福特（Ford）和林肯（Lincoln）。此外，它还拥有全球最大的信贷企业——福特信贷（Ford Financial）以及全球最大的汽车租赁公司 Hertz 和客户服务品牌 Quality Care。2008 年经济危机时，福特是唯一一家没有经过国家救济而自己走出经济危机的汽车集团。图 2. 3. 37 所示为福特汽车公司的总部，位于密歇根州的迪尔伯恩市（Dearborn）。

图 2. 3. 37　福特汽车公司总部

在中国，福特汽车公司和中国长安汽车集团旗下的长安汽车合资成立了长安福特马自达汽车有限公司，并于 2003 年初正式投产。

2. 车型介绍

福特蒙迪欧（Mondeo）是长安福特汽车的旗舰车型，它不仅搭载了多项创新科技，并在至臻品质、动力系统以及安全性能等方面实现了全面提升。新蒙迪欧是目前长安福特汽车中科技含量最高、制作工艺最精良的一款车型。它采用了福特最新的造车理念以及多项行业领先的创新科技。它不仅外形时尚、动感，能体现出车主的高品位，同时也拥有创新的高科技配置和高效有力的动力系统，从而实现了外在和内涵的完美融合。其个性化的线条贯穿全身，配以细长的车顶设计，呈现出一种灵动快捷的身姿，而阿斯顿马丁似的前脸设计让整车看起来更显霸气。

3. 六方位介绍

（1）正面，如图 2. 3. 38 所示。

图 2. 3. 38　新蒙迪欧正面

它的前风挡自动感应蝶形无骨雨刷，不仅刮刷面积大而且还具有雨量感应和积雪保护等功能，它能根据雨量的大小自动调整刮刷速度，还能感应到是否有积雪的阻碍，以保护雨刷发动机不会因为负载而损坏。它的前风挡采用隔音、隔热玻璃，同时还带有电加热功能，可以迅速除霜、除雾，以提高驾驶时的安全性。新蒙迪欧还配备了在同级别车中独有的 AGS 进气格栅主动关闭系统，它能够在行驶中智能控制进气格栅中的小百叶窗进行多角度的调节，从而控制前格栅的进气量，冬天热车的时候，关闭进气格栅就可以减少发动机室的散热，使发动机快速进入最佳工作状态，以缩短热车时间；当发动机需要散热时，则通过调节进气格栅的进气量提高散热效果，使发动机始终保持在最佳的工作温度。同时，此系统还能随着车速的变化调节进气格栅的启、闭角度以减少风阻，从而提高燃油经济性。新蒙迪欧设有前泊车雷达，能够探测车头前方的区域，并以警示声音来协助驾驶员在向前停车的时候判断前方障碍物的距离，以保障车辆不被位于前方视线死角范围内的障碍物剐蹭。这一功能使驾驶更加轻松自如，尤其对新手驾驶员来说是非常有用的。在被动安全方面，新蒙迪欧也有许多独特的设计，其车头采用的是 GOR 塑钢，这种材料在低速行驶中发生碰撞基本不会变形，在中速碰撞中可以充分吸能。另外，它使用螺栓与车身连接，更换简单，同时也降低了成本。

（2）侧面，如图 2. 3. 39 所示。

图 2.3.39　新蒙迪欧侧面

我们从侧面首先看到的是新蒙迪欧全系标配的电动调节外后视镜，当车辆起动时会自动加热后视镜的两侧，使雨水或雾气不易阻碍驾驶员的视线。不仅如此，它还配有自动折叠功能和照地功能。当解除防盗时，照地灯自动开启，这一设计为驾驶员上车提供了方便。

由于开车变道时盲区的存在，很容易发生剐蹭事故。新蒙迪欧针对此问题配备了 BLIS 盲点监测系统，当车速大于 10 km/h 时，该系统会自动起动。当有车辆进入本车的盲区时，外后视镜的 LED 灯将会亮起，以提示驾驶员后方有车辆。这一设计能减少车辆在变道时，因盲区而存在的隐患。新蒙迪欧全系标配了铝合金的大尺寸轮毂，其优点是强度高、坚固耐用、质量小、散热好和油耗小，而且看起来美观大气。新蒙迪欧的轮胎气门嘴带有胎压检测探头，当胎压发生变化时，胎压监测的发送器会向检测模块发送胎压信息，系统就会立即提醒驾驶员，让其及时发现由于胎压过高或不足而导致的安全隐患。

新蒙迪欧采用的是目前最先进的激光焊接高强度吸能式车身，以保证每一个连接点都非常牢固。而且它的 A、B 柱以及四门的防撞梁采用的都是硼钢材料。新蒙迪欧前边采用的是麦弗逊式及大尺寸防侧倾稳定杆，这可以消除来自轮胎的振动并给予驾驶员最准确的路面情况反馈。其后面采用上、下横臂式全独立多连杆悬架及大尺寸防侧倾稳定杆，其前、后悬架均采用同级别车中领先的铝合金铸造控制臂和转向节。

（3）侧方 45°，如图 2.3.40 所示。

新蒙迪欧配备的 LED 前大灯最早曾被使用在奥迪品牌的汽车上，近年来才逐渐在奔驰、宝马等高档车上使用。它不仅亮度高，而且灯光柔和、节能环保。夜晚行车时，我们经常会遇到被对面车的灯光照得睁不开眼睛的情况，这样既不安全又不文明。而这款 LED 大灯在保证能为夜间行车提供足够照明的同时也降低了光污染，创造了文明驾车的良好环境。另外，这款大灯还带有随动转向功能，夜间行车的时候，其灯光会随着方向盘的转动而随动转向，让驾驶员随时了解路面情况。它还可以根据夜间行车的速度以及周围是否有车辆自动进行水平调节、自动开关和自动远光控制，并能主动预警道路行驶光线条件以确保安全驾驶。它的 LED 日间行车灯，不仅外观豪华而且光线强，在行驶时能更容易被其他车辆识别，从

图 2. 3. 40　新蒙迪欧侧方 45°

而提高了行车的安全性。

（4）后方，如图 2. 3. 41 所示。

图 2. 3. 41　新蒙迪欧后方

新蒙迪欧标配了 LED 组合式后尾灯，与前大灯呼应，整体感更强。这款灯的故障少、亮度高、能耗小，其中，中高配的尾灯为满月造型，显得时尚动感。如果使用者喜欢自驾出游的话，那新蒙迪欧的超大后备厢空间一定会提供更多的方便。516 L 的超大空间，后排放倒后，空间更可达到 986 L。它还配备了四探头的倒车雷达，以减少倒车时的碰撞和剐蹭，让用户使用起来更方便。

（5）驾驶室，如图 2. 3. 42 所示。

新蒙迪欧配备的智能无钥匙进入系统"Ford power"智能一键起动功能，让打开车门和发动车辆变得非常简单，既显档次又非常实用。当驾驶者坐在驾驶座上时，会看到类似太空座舱的设计。仪表盘以及各种按键和挡位都环绕着驾驶者而设计，使用非常方便。座椅有电动调节和加热功能，方便乘员对座椅进行多角度、多方位的调节。同时，座椅还带有多角度按摩和通风功能，而后视镜带有连动记忆功能。再加上可调节式头枕，让乘员感觉更加舒适。它的多功能方向盘带有音响控制和行车电脑控制开关，真皮打造的方向盘质感好且使用

图 2.3.42　新蒙迪欧驾驶室

方便，还带有集成式换挡拨片。这些设计让使用者在享受驾驶的同时，多了一份轻松。在炎热的夏天，空调是必不可少的，新蒙迪欧配备了双区独立恒温空调。主驾和副驾可分别设定不同的温度以满足不同用户的需要。为了更好地协助驾驶者驾车，新蒙迪欧还配备了在同级别车中独有的“My key”（我的智能钥匙）系统，该系统能设定车辆的最高时速及超速提醒，从而帮助驾驶员养成一个良好的驾驶习惯。

（6）发动机舱，如图 2.3.43 所示。

图 2.3.43　新蒙迪欧发动机舱

新蒙迪欧目前有 1.5 L 和 2.0 L 两款发动机可供选择。1.5 L GTDi 发动机采用了涡轮增压盆缸内直喷和进、排气门可变正时三大领先技术，其最大功率可达 180 ps，其最大扭矩为 240 N·m，百公里综合工况油耗为 6.9 L。它在动力和油耗方面都非常出色。通过数据比较才能体现出新蒙迪欧的优势，上海通用别克君威 2.0 的发动机功率只有 147 ps，最大扭矩仅为 190 N·m。新蒙迪欧 2.0 的发动机，由于采用相同的技术，其最大功率可达到 240 ps，最大扭矩可达 350 N·m，百公里综合油耗为 7.9 L，其动力更为强劲。新蒙迪欧不仅动力强劲，而且防盗性能也很不错，它采用了 PATS 电子防盗系统。它的钥匙和车辆电脑进行滚码配对，芯片的防盗密码长达 80 位。

4. 核心卖点介绍

1）内饰

正如前文所述，新蒙迪欧的内饰氛围可谓激情四射，其配置的完备程度也领跑同级车型，而要论到用料和造工的话，作为长安福特旗舰车型的新蒙迪欧，也痛下决心誓要一雪前耻。同时，再附上众多同级别车中罕有的实用型高科技装备，给我们留下了无懈可击的印象。其内饰如图 2. 3. 44 所示。

图 2. 3. 44　新蒙迪欧内饰

2）配置

目前，车载交互系统的种类越来越多，像宝马的 iDrive、奥迪的 MMI，当然也包括凯迪拉克 CUE 系统，这些系统均集成了娱乐、舒适、驾驶和导航等系统，单从功能上来说，它们在业界都是数一数二的。福特当然也有自己的一套车载系统，那就是 My Ford Touch 系统。该系统并不像宝马与奥迪的系统那样需要旋钮与按键组合来进行手势操作，而是采用了全触摸的方式，这与通用的 CUE 系统相似，如图 2. 3. 45 所示。苹果公司生产的触摸屏幕应该是目前触摸屏领域最为领先的产品，目前，似乎所有的车载触摸设备都避免不了要拿苹果品牌的产品与自身作对比。经长时间体验后发现，SYNC 的触摸屏就像苹果触摸屏一样灵敏度极高，这也包括下方的多媒体和空调触板的灵敏度，误操作的概率很小，并且其触摸面板采用了磨砂材质，比通用汽车使用的钢琴烤漆材质要更耐脏，如图 2. 3. 46 所示。

图 2. 3. 45　My Ford Touch 系统

图 2.3.46　新蒙迪欧的触摸面板

不过，再好的东西也有它的缺点，有时，My Ford Touch 系统操作起来会发生迟滞的现象，如图 2.3.47 所示，虽然停顿的时间不长，但还是会影响到一部分用户的体验，我们认为触摸屏的灵敏度不是问题，可能是处理器的速度稍慢所致，所以福特在 My Ford Touch 系统方面还有提升的空间。

图 2.3.47　新蒙迪欧的触摸屏

新蒙迪欧仪表盘上的两边各有一块圆形液晶屏，它们控制的分别是行车信息以及娱乐系统，并通过方向盘上的多功能按键进行操作，这两块屏的功能模块与按键的对应分类很清晰，所以根本不会产生任何冲突，这是一套看似复杂但分类非常清晰的多功能按钮，如图 2.3.48 所示。

新蒙迪欧在安全性配置上也足够丰富，当下主流的安全配置都可以在它身上找到。其车道保持系统装配在转向灯拨杆上，此时，仪表盘右侧会有所显示。它的优势在于车道识别的速度比其他配备此功能的车型要快得多，当屏幕上的虚线显示为黄色时，即提醒驾驶员，此时车轮可能已经压线，需要进行调整。而且当驾驶员没有打开转向灯的情况下并线或偏移时，该系统可以主动对转向系统进行干预，如图 2.3.49 所示。

自动泊车功能在蒙迪欧上出现算是头一次，不过不知是福特想为新蒙迪欧埋下伏笔还是出于别的考虑，这次的自动泊车功能仅有侧方位泊车功能，而没有实现倒库功能，如果说是因为技术障碍显然不太可能，所以只得期望厂家尽快完善这项实用的配置，如图 2.3.50 所示。

图 2.3.48　新蒙迪欧的方向盘和仪表

图 2.3.49　新蒙迪欧的车道保持辅助系统

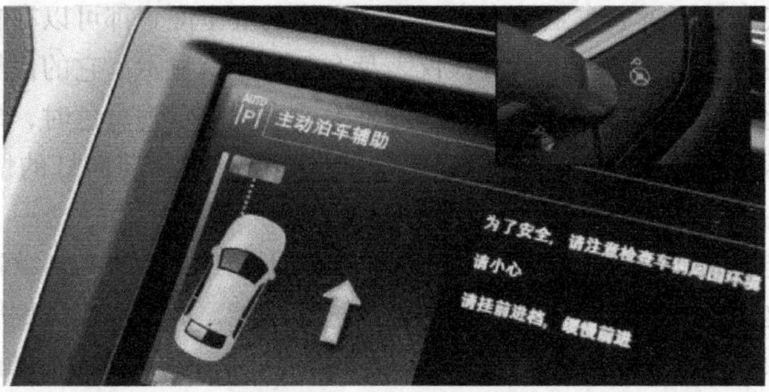

图 2.3.50　自动泊车功能

新蒙迪欧也同样配备了同级别车中旗舰车型都有的自适应巡航功能，它的跟车挡共有四个，如图 2. 3. 51 所示。

图 2. 3. 51　自适应巡航

盲区监测系统可以通过安置在车辆尾部两侧的雷达传感器来确认驾驶员视线盲区内是否有车辆，并通过后视镜上黄色的 LED 灯来提示驾驶员注意，如图 2. 3. 52 所示。

图 2. 3. 52　盲区监测系统

3）动力性能

新蒙迪欧的 2. 0 L GTDi 发动机的最大扭矩可达到 350 N · m/3 000（r · min^{-1}），这无疑是火上浇油，因为哪怕车辆已经在 100 km/h 的速度下巡航，油门踩下去之后仍可获得不俗的推背力度，如图 2. 3. 53 所示。

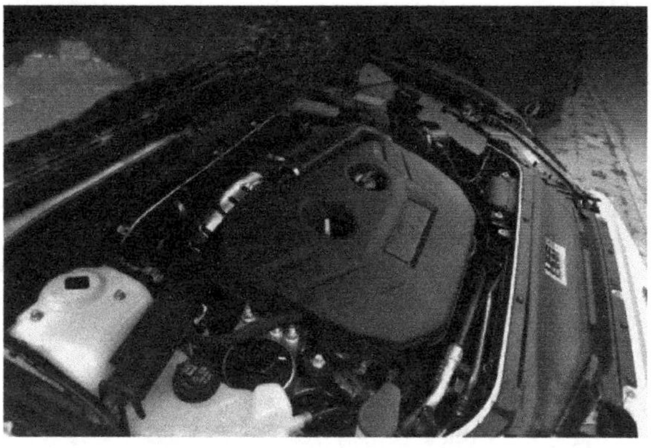

图 2. 3. 53　新蒙迪欧的发动机

新蒙迪欧的变速箱是称为 Select Shift 的 6 速手自一体变速器，而不再是上一代车型的 Power Shift 双离合变速器。它的实际上路表现也称得上平顺、快捷，这主要得益于经过改良的液力变矩器，如图 2. 3. 54 所示。

图 2. 3. 54　新蒙迪欧的变速器

项目 3

SUV 车型选购

任务 3.1　12 万～18 万紧凑型（A 级）入门级 SUV 的选购

一、逍客车型介绍及推荐

1. 车型概述

东风日产逍客于 2008 年在中国上市，它是融合高端两厢掀背轿车的各种优秀特性，以及 SUV、HB 等诸多设计风格的一款全新城市车型，如图 3.1.1 所示。Qashqai 名字取自居住在伊朗沙漠地带的游牧部族，意为“都市游牧人”，中文名为“逍客”，可见其城市 SUV 的产品定位。逍客有 1.6 L 和 2.0 L 两种排量，以满足不同人群的不同需求。

图 3.1.1　逍客车型

摇滚乐之所以受到年轻人的喜欢，是因为其张扬的音乐个性与奔放的旋律感，在节奏强烈的音符中，人总是能找到宣泄的出口。面对如今都市的巨大压力，东风日产有一款如同摇滚乐一样能让人释放压力的车型——逍客。逍客是融合时尚、灵动与力量感为一体的车型，是一款能随心所欲享受激情驾驭的高性能全能概念车型。从设计理念到传播核心，东风日产打造的“都市游牧人”既代表了逍客驰骋城市的强大驾驶能力，又代表了深寓其中的精髓。

如同摇滚音乐一样，逍客的名字表达了逍遥自在、无拘无束的感觉。

逍客所倡导的“都市游牧人”不仅指车，还代表了其独特的车主指向。随着生活方式的不断改变，一个新的生活概念也在逐渐形成。“都市游牧人”就是指那些大部分时间游走于都市中，但却不愿拘泥于常态，希望追求自我、勇于打破常规的人们。他们喜欢偶尔驾车远足，在物质追求方面，他们要求时尚和实用的完美结合；在生活中，他们希望能适应并穿梭于各类生活方式之间。在座驾的选择上，他们一方面追求年轻、兴奋、与众不同、令人羡慕的时尚新车感觉；另一方面，他们既追求在城市间任意游走的轿车的经济性、舒适性，又追求 SUV 所具有的居高临下之感和安全感。作为日产在全球范围内推出的全新车型，逍客恰恰是为了迎合这种需求，并在高端两厢掀背轿车的基础上，融合了 SUV 等诸多风格而设计的一款创新型交叉概念车型。

在外观上，逍客试图将跑车般的“敏捷性”融入更多的 SUV 元素，因此，逍客具有了跑车和 SUV 共同给人带来的设计出众感、动力强劲感、灵活轻便感和安全保护感，同时，它力求通过空气动力学的优化设计达到省油的目的；在内部设计上，逍客借用了飞机驾驶舱的设计原理，达到了使驾驶员在心理上精力集中和在生理上舒适放松的状态的完美结合。

为了提高车辆在城市坑洼路面的通过适应性和燃油经济性，逍客采用了趋向 SUV 的悬挂设计，调校了新型发动机，并适配了更加省油的新一代 CVT 变速器，如图 3. 1. 2 所示。

图 3. 1. 2　逍客发动机舱

从侧面看逍客，可以发现它的上半部拥有轿跑车一样的线条，而下半部则具备典型 SUV 粗犷的轮拱和离地间隙。其实，逍客并不是一款传统意义上的 SUV，纵使它具有与 SUV 一样的性能和四驱系统，但同时它也具有浓郁的都市风格及敏捷的驾驶性能。日产方面称逍客是一款全新概念的车型，或许正如游牧民族一样，逍客拥有长途跋涉的能力，但更多时候，它是在一个美丽的地方落地生根。

2. 六方位介绍

（1）正面，如图 3. 1. 3 所示。

逍客在欧洲 NCAP 五星碰撞标准中以 36. 83 的超高得分获得了欧洲 NCAP 成立 10 年以来的最佳成绩，其两条凸出的筋线设计显示出逍客的力量感；NISSAN 的标志被镶嵌在倒梯形的角铁架中，与日产大多数 SUV 的标志设计一脉相承，当然只有 SUV 才具有这样的设计，使得行车时车主更容易看清左、右尾部的情况。其雨刮器的间断动作也会根据车速的变化而变化，车速越快雨刷刮的速度也就越快，内藏式喷水槽设计还可以节省空间、降低风噪且方便清洗。它宽大的保险杠向外凸出，同样也采用了 SUV 的设计元素。当车辆发生轻微剐蹭

图 3.1.3　逍客正面

时，黑色的保险杠几乎不会显现出任何损伤。钝角形的前大灯，线条硬朗、棱角分明，其内部则通过活动遮光板以提供良好的夜间照明。

（2）侧面，如图 3.1.4 所示。

图 3.1.4　逍客侧面

从侧面看，逍客的上半部分是完全的跑车风格，流线型的设计不仅使车身看上去更漂亮，而且其风阻系数居然达到了令人惊讶的 0.34，这在 SUV 车型中是绝无仅有的。光看逍客的下半部分，又完全是 SUV 的感觉，205 mm 的高离地间隙保证逍客能在城市的任何道路中行驶，即使在崎岖的道路上行进，逍客良好的通过性也绝不逊色于同等价位的 SUV。逍客采用 17 英寸五幅铝合金轮毂和 215 mm 的宽胎。打开逍客的车门，其 24 mm 的厚度可以让人体会到扎实的厚重感，它的车门比 CRV 和途胜的车门都要厚实，车门板的内侧加装了防撞钢梁，提升了侧面撞击的安全性。化妆镜和照明灯两种功能协调配合，方便实用。车内灯在驾驶门被打开或关闭时，仍会持续发亮约 30 s，从而保证夜晚从车辆熄火到下车的这段时间内的照明。只有 SUV 才会考量接近角和离去角的数据，逍客的接近角和离去角也足够媲美一些不以越野作为卖点的 SUV。腰线的设计是逍客最大的亮点，凌厉的线条从尾部一直向前俯冲至前轮眉。其麦弗逊式的悬架体积小，不占用空间且维修方便，而大尺寸的稳定杆也提高了驾驶的稳定性；其后悬架采用多根连杆组成，这就减少了车轮的倾斜角度，令操控更平稳，当转弯、制动和路面不平时，驾驶员可以更好地控制车轮弹起的高度和车身的侧倾度，就连微小的振动也能够消除，从而过滤车辆在行驶时由于路面连续颠簸产生的微小振动。

（3）侧方45°，如图3.1.5所示。

图3.1.5　逍客侧方45°

对于已经销售好几年的逍客，相信大家并不陌生。其改款也已上市，不过改款的重点在于车型与配置规划上面，其外观和内饰造型并没有发生任何变化。虽然逍客的设计奉行交叉理念，但也不可能背离消费者的喜好。逍客的整体轮廓跟大多数城市SUV无异，将其长、宽、高作出适当比例的缩小是第一步，其点睛之处在于车身多处创新的细节勾勒，让瘦身之后的逍客能够在芸芸城市SUV之中给人一种耳目一新的感觉。

（4）后方，如图3.1.6所示。

图3.1.6　逍客后方

其尾部造型的整体感很强，车灯、保险杠和圆滑的后背门结合得非常完美，让人很难挑出缺点。尾灯被镶嵌在逍客的后翼子板和后背门上，显得很有层次感。车主可在驾驶座控制后雨刷的刮扫和清洗，它的后风挡玻璃上安置了除霜电热丝，打开开关就可以自动给后风挡玻璃除霜。LED 灯的响应时间快、亮度高、反应敏捷，其高位刹车灯能够引起后面一辆甚至几辆车的注意。其后备厢盖上有按键，智能钥匙上也有相应的按键，可感应开起后备厢盖。其备胎的尺寸、型号、轮毂材质与标准胎完全一致。它配备了 4 个倒车电眼，每个电眼的监控角度为 110°，当倒车遇到障碍物时可发出报警声。

（5）驾驶室，如图 3.1.7 所示。

图 3.1.7　逍客驾驶室

逍客的仪表台采用了黑色加类钛的搭配，是目前在运动车型中非常流行的一种内饰风格。而且黑色不容易反光，其材质用料也很柔软。205 mm 的离地间隙和超大的前风挡保证了驾驶员的视野良好。逍客的主、副驾驶座采用了坐垫、靠垫软，侧垫、边垫硬的设计组合，通常只有赛车的座椅才会使用这样的设计理念。其音响系统采用高级的 6CD、6 喇叭设计，音场效果卓越。当车辆的速度超过 40 km/h，巡航系统通过驾驶员手动控制到达希望的速度后，驾驶员的右脚便可离开油门，只需用双手控制方向盘即可。其方向盘上装备了蓝牙电话、CD 控制、行车电脑显示、定速巡航等简单实用的操控按钮。逍客的空调出风口采用圆形的设计，运动感很强，且与整车的风格相当协调。它的换挡手柄比原先轿车的换挡手柄更粗大，采用黑色和银色的搭配，挡把头的两边都设有凹槽，更适合驾驶员的手形。逍客的 CVT 变速器具备自动模式和 6 挡手动模式的切换功能。它的四个车窗和天窗都是电动的，操作方便。另外，天窗与驾驶车窗还拥有自动防夹功能，在车窗上升过程中若侦测到障碍物，自动防夹功能会使车窗立即下降。冷、暖空气可从后排专用的出风口发出，并向上沿车顶流动，再不断下沉。它的四驱模式采用了圆形旋钮操作，与宝马 745 的 iDrive 中央操控系统如出一辙，其控制旋钮手感饱满，并且还具有一定的阻尼；可移动的烟灰缸是日系车的普遍设计，其做工精巧，而且可在前、后排移动；中央扶手可前后移动 80 cm，市面上没有任何竞争车型有这样的设计，扶手打开后，其内部又是一个超大的储物空间。

(6) 发动机舱，如图3.1.8所示。

图3.1.8　逍客发动机舱

逍客的前引擎盖比一般轿车的更加厚重，打开后可以看到内部的隔音棉设计。逍客的发动机在延续日产传统技术的同时，又经过了全新的调校，功率和扭矩都有所提高，特别是改善了中低速的扭矩，且终身免维护。它没有换挡间隙，没有AT爬坡时的频繁换挡过程，没有动力损失，而且还改善了燃油经济性。它具有比5AT更宽的速比范围，噪声低，且驾驶员可根据喜好选择手动模式（6个挡位）。打开引擎盖，我们可清晰地看到，在保险杠与水箱、水箱与发动机、发动机与驾驶舱之间都留有巨大的缓冲区。其VDC系统（博世公司生产的最先进的VDC版本）随时可监控车辆的行驶状态，一旦车辆转弯时出现跑偏或侧滑，VDC自动介入工作，从而令车辆恢复正常的过弯轨迹。当车辆直线行驶时，如传感器感应到某一驱动轮即将打滑，TCS系统可自动对该车轮进行制动，同时降低发动机的输出动力，以保证平稳地起步和加速。发动机与地面被一层由树脂材料制成的挡板隔开，其质量很小，还可以防止底盘磕碰。低速时，其助力会增加，方向盘变轻；而在高速时其助力又会减小，方向盘变重。而且，其助力系统只有在需要助力时才会工作，这样既降低了故障率，又提高了近3%的燃油经济性。

3. 核心卖点介绍

(1) 大尺寸全景天窗，如图3.1.9所示。

大尺寸全景天窗的加入使这款逍客气派了不少，同时也对提升车内光线与档次感起到了至关重要的作用。但这样的天窗设计并不带有通风的功能，所以跟一般的电动天窗相比各有利弊。

(2) 全景影像系统，如图3.1.10所示。

全景影像系统可以使驾驶员在车内就能得知车辆四周的一切信息，而这套系统通常只用于豪华级的车型当中，例如，日产的高端品牌英菲尼迪FX就率先使用了这套设备。而在今

图 3.1.9　逍客的全景天窗

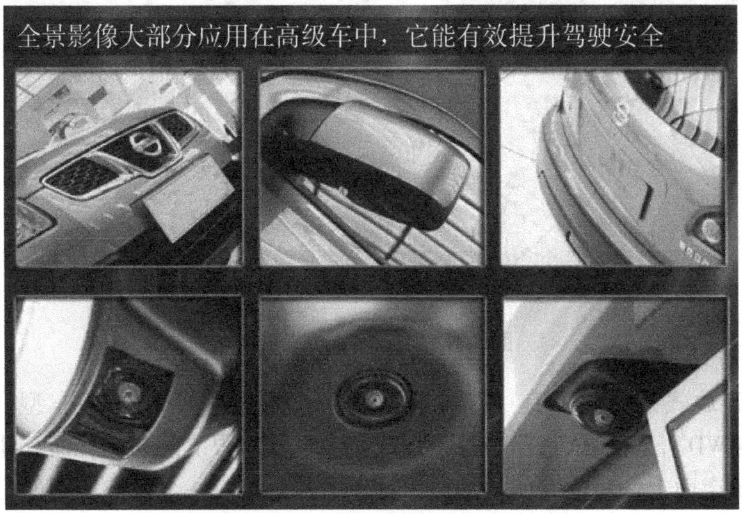

图 3.1.10　逍客的全景影像系统

天，这款逍客也同样配备了该系统，可以断言的是，该车在上市后定会吸引大部分消费者的眼球。

（3）四驱结构，如图 3.1.11 所示。

逍客是一款城市化的 SUV，在刚刚推出之时，它被人们称为“跨界车”，即建立在轿车的底盘上，拥有轿车的舒适性和灵活性，又具有 SUV 的通过性的多功能车。后来，随着这类车型的普及，我们习惯称它们为城市 SUV。既然它的主战场在城市，那么逍客的四驱结构自然不会那么复杂，它拥有一套传统的基于前驱的适时四驱系统，如图 3.1.11 所示。

（4）四驱控制，如图 3.1.12 所示。

逍客搭载一套由一组多片离合器式限滑差速器作为中央差速器的适时四驱系统，其前、

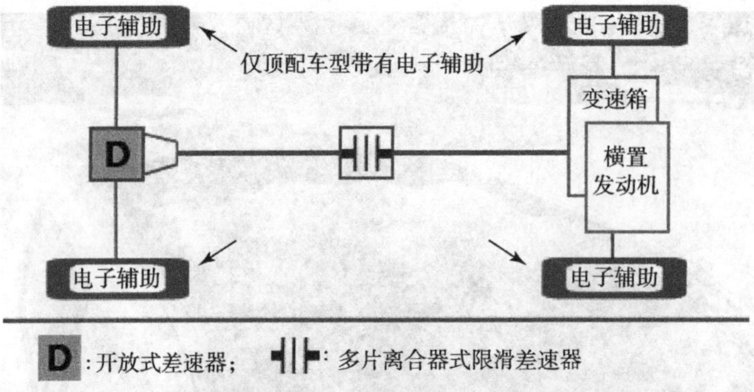

图 3.1.11　逍客的四驱结构

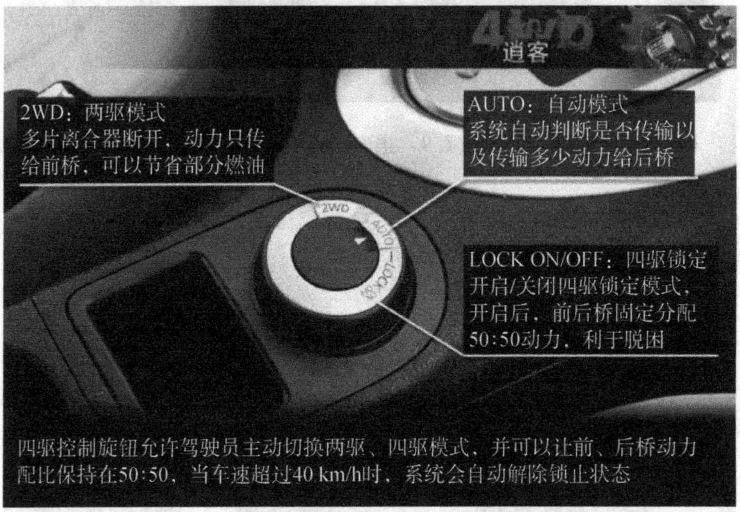

图 3.1.12　逍客的四驱控制

后桥轮间均为开放式差速器。其中，带有 ESC 电子稳定系统的顶配车型“逍客 2012 款 2.0XV 龙 CVT 4WD”，可以依靠电子稳定系统来实现轮间限滑的功能，而其他车型均无轮间限滑功能。相比市面上许多适时四驱的城市 SUV，逍客具有一个优势，即四驱控制旋钮，如图 3.1.12 所示。

这样一款横空出世的“异类” SUV 非常吸引眼球，其年轻化的有针对性的定位让它敢于面对这一价位上众多竞争对手的叫嚣，其外形设计至少博得不少关注，而且也足够威武。

二、哈弗 H6 车型介绍及推荐

1. 车型概述

2011 年 8 月 25 日，定位为“都市智能 SUV”的哈弗 H6 在长城汽车天津新工厂隆重上市，如图 3.1.13 所示。这款车目前可提供三菱 2.0 L 汽油动力车型及绿静 2.0T 柴油车型，并分为都市型、精英型和尊贵型三种版本，其中汽油车的售价为 9.58 万 ~ 11.58 万元，柴油车的价格为 12.18 万 ~ 14.18 万元。同时，哈弗 H6 可提供超长保修 5 年或 10 万公里，树立了汽车服务行业的新标杆。

图 3.1.13　哈弗 H6 上市

哈弗 H6 融入了更多时尚、智能和豪华的城市化元素设计，并凭借其时尚大气的外观、温馨的内饰以及遍及全车的智能装备，满足了城市 SUV 族的情感和对功能的双重需求，具备智尊豪华、智享空间、智领科技和智尚安全四大亮点。其整车拥有卓越的驾乘操控性和舒适性，以及全方位的安全防护。

2. 六方位介绍

（1）正面，如图 3.1.14 所示。

图 3.1.14　哈弗 H6 正面

①长城的全新平台——天津国际工厂全新生产平台带来了全新的设计理念与全新的技术，从而保证了客户买到的是一款拥有最新设计理念与技术的 SUV 车型。

②哈弗 H3、H5 的累计销量超过 50 万台，在全国所有在售 SUV 品牌中销量第一，其庞大的保有量意味着稳定的质量、完善的售后服务和良好的口碑。

③其全新设计的造型更符合城市 SUV 的风格，整体造型时尚、豪华、大气，并体现出车主的品位与身份，向他人展现出车主进取、乐观和享受每一天的生活态度。

（2）侧面，如图 3.1.15 所示。

图 3.1.15 哈弗 H6 侧面

它的 2 680 mm 长轴距在同级别车中领先，并超过了众多的合资品牌。它拥有更高的高速稳定性和更宽敞的后排腿部空间。其 190 mm 的最小离地间隙在同级别车中属于最高的，且远超过轿车。它还具有超强的复杂路面通过性。其车身采用很厚的钢材制造，车辆的安全性非常高，平时驾驶时可以给人带来强烈的自信，而一旦发生意外，则能提供让人放心的保护。

它的 TOD 智能适时四驱系统可将动力智能传递给 4 个车轮，在同级别车中，它拥有最佳的驱动方案，并可获得最好的驱动效果，且不论在任何气候环境及路面情况下都可从容应对。

225/65 R17 的轮胎具有非常出色的抓地性能，其轮胎尺寸也是同级别车中最大的，从而可以保证驾乘安全。

（3）侧方 45°，如图 3.1.16 所示。

它通过了最严格的欧盟认证，可在欧洲进行无限制的销售，产品质量符合更严格的国际标准，这意味着其质量达到了同级别车中的顶级水准，因而在日常使用中可以放心地驾驶。

该款车参加了达卡尔拉力赛，并取得了优异成绩。借此，厂家能够积累丰富的经验与技术，并将其运用到民用量产车当中，使消费者在不知不觉中便能享受到顶级的造车技术。

它的自动大灯与自动雨刷无须任何操作，大灯可自动点亮，雨刷可自动开启，从而提升了车辆行驶的安全性，尤其是在夜间或极端天气情况下，这些设计就显得更为重要。

图 3.1.16　哈弗 H6 侧方 45°

（4）后方，如图 3.1.17 所示。

图 3.1.17　哈弗 H6 后方

它的倒车影像系统可以在倒车时让驾驶员直观、清晰地观察到车后方的情况，从而大幅提高了车辆的安全性，并降低了后保险杠受损的概率。

其后备厢的容积为 808 ~2 010 L，而且后排座椅可灵活组合载物能力，这一设计在同级别车型中处于领先地位，且远超轿车。该车型可方便地携带更多物品，而且操作非常简单，只需一个动作就可将座椅放倒，再进行一个动作就可将座椅折叠。

（5）驾驶室，如图 3.1.18 所示。

图 3.1.18 哈弗 H6 驾驶室

哈弗 H6 驾驶室的乘坐位置较高且视野较好，当然，安全性也较高。坐在 H6 车厢内有一种居高临下的感觉，一旦发生碰撞，车内乘员受伤的概率较低。

它的做工细腻，用料考究，副驾驶安全气囊采用无缝设计，整体感非常好，完全可以与合资的 SUV 媲美。整个车内显得非常高档，车主也会觉得很有面子。

它功能齐全的多媒体娱乐系统可以播放几乎所有制式的光盘和所有格式的音频文件，让人在车内就可以享受到高品质的多媒体播放，让旅途变得更加愉悦。

它先进的蓝牙功能具有拨打、接听电话，用车载音响直接播放手机音乐的功能，而且操作简单、方便。即使在开车时打电话，也不会影响到驾驶安全，同时无须连线，就可直接播放手机内的音乐。

其 GPS 导航功能具有全程语音提示，并覆盖全国 300 多个地级市、2 000 多个县级市和 1 000 多万个地名。这让驾驶者去任何陌生的地方都不用再担心会迷路，而且还可以使沿途和周边的各种设施一目了然，非常方便。

它的行车电脑可以显示多项行车信息，能协助驾驶员对车辆状况一目了然，同时还能帮助驾驶员养成良好的驾驶习惯以及选择合适的路线。

(6) 发动机舱，如图 3.1.19 所示。

其柴油车型搭载的绿静 2.0T 柴油发动机具有国际领先的技术水准，噪声低，动力强，油耗低，节能环保，且在经济性、动力性与舒适性方面都得到很大程度的提升。

其汽油车型搭载的日本三菱 4G6 系列发动机是国际名牌，它众多的保有量能让使用与维护成本降低，且质量稳定可靠，小毛病几乎没有，维修保养方便而且比较便宜。

它装配的德国 BOSCH 最新版本的 ABS + EBD 系统，技术更先进，反应速度更快，质量更小，且车辆的主动安全性能也得到大幅提升，从而帮助驾乘人员远离危险。

它的四轮独立悬架带有后轮随动转向功能，这一设计能在确保通过性的同时，让哈弗 H6 拥有可媲美轿车的舒适性与操控性能。H6 的操控感及高速稳定性非常好，且极限驾驶性

图 3.1.19　哈弗 H6 发动机舱

能比绝大多数同级别的 SUV 都要好。

3. 核心卖点介绍

1）多功能方向盘的布局与操作

它的方向盘采用具有运动感的三幅式方向盘，并对电子控制功能进行了区域划分，让驾驶员能够对相关功能键一目了然，只需稍加熟悉便可轻松上手，如图 3.1.20 所示。

图 3.1.20　哈弗 H6 多功能方向盘

2）智能恒温空调（带粉尘过滤器）

其空调系统为手动电控空调，尊贵型的空调为智能恒温空调。其空气净化系统配有粉尘过滤器。空调的最高温度为 32 ℃，最低温度为 18 ℃，调整精度为 1 ℃，并集成了后窗除霜及后视镜加热功能，如图 3.1.21 所示。

图 3.1.21　智能恒温空调

3）内部尺寸

其前排座椅可前后移动 240 mm，前排的腿部空间为 538 ~ 778 mm，后排的腿部空间为 545 ~ 785 mm；其前排宽度为 1 440 mm，后排宽度为 1 419 mm，如图 3. 1. 22 所示。

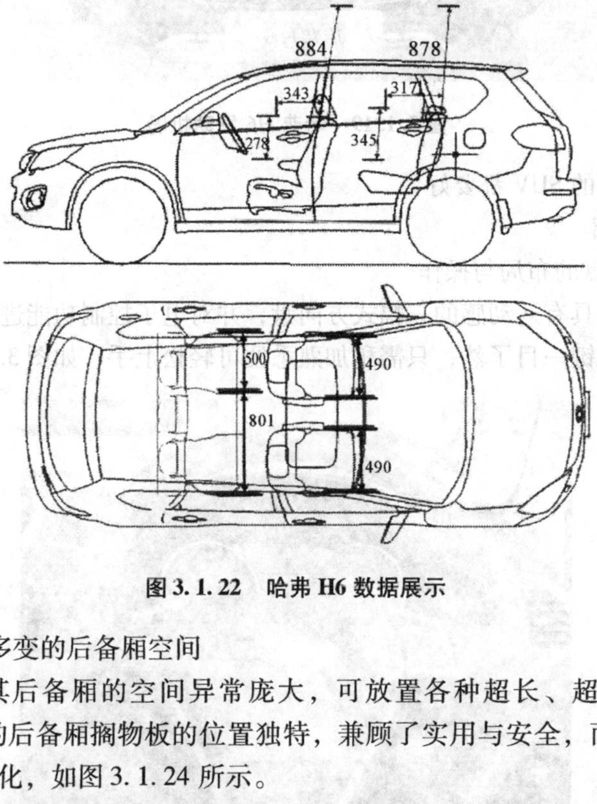

图 3.1.22　哈弗 H6 数据展示

4）宽敞且灵活多变的后备厢空间

座椅折叠后，其后备厢的空间异常庞大，可放置各种超长、超高及异形物品，如图 3. 1. 23 所示。它的后备厢搁物板的位置独特，兼顾了实用与安全，而且具有折叠上翻的功能，设计非常人性化，如图 3. 1. 24 所示。

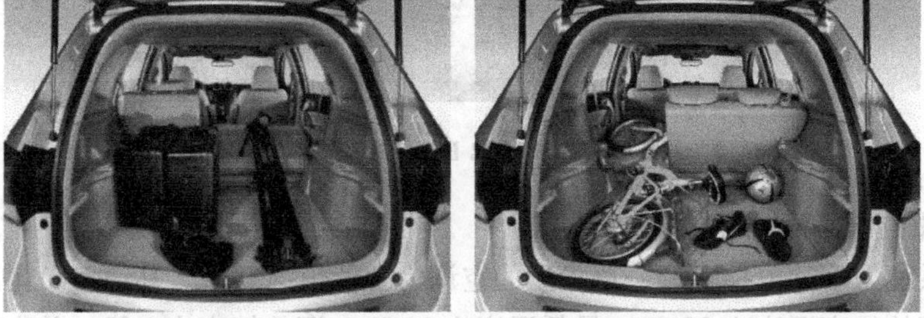

（a）　　（b）

图 3.1.23　哈弗 H6 座椅折叠后的空间展示

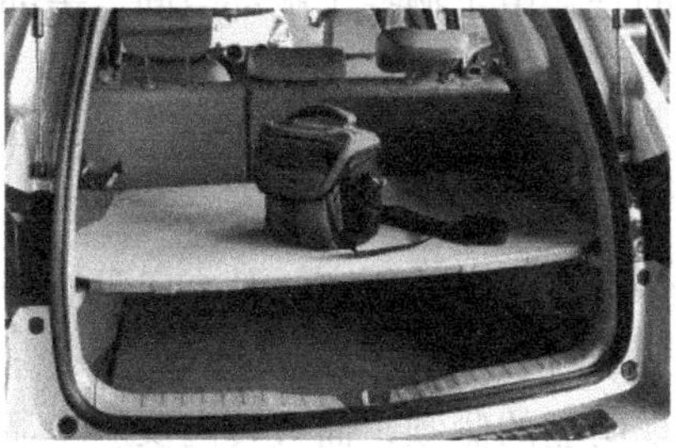
(a)

(b)

图 3.1.24 哈弗 H6 后备厢搁物板空间展示

5）智领科技

在同级别车中，哈弗 H6 率先引入了众多的先进技术与配备，力求让驾驶过程变得轻松而愉悦。凭借科技的力量，它率先采用国际领先、高效节能的动力，并配备了智能化的整车装备，引领智能 SUV 的潮流；它丰富的人性化配置，让用户轻松享受高品质的 SUV 生活，开启睿智人生。哈弗 H6 配备了丰富的智能科技，CAN－BUS 智能网络控制系统、行车电脑、GPS 智能语音导航系统、智能自动感应无骨雨刮等设备一应俱全，其中的 GPS 智能语音导航系统具有功能丰富多样、全触屏、真人语音等特征，而 CAN－BUS 智能网络控制系统则能实现全车信息的即时共享，使整车各部件协调一致，从而使车辆的控制更加精确、智能。

6）智尚安全

哈弗 H6 为驾乘者提供了强大的三重安全保障。它采用高强度吸能车身，且底盘的纵梁、横梁等多处关键部位均采用双相高强度及低合金高强钢板制造而成，同时配备了 BA 紧急制动辅助系统、前排双安全气囊＋前排侧气囊＋前后一体式侧安全气帘和带预张紧限力的燃爆式安全带等丰富的安全配置，保证整车的主动安全与被动安全。

三、奇骏车型介绍及推荐

1. 车型概述

奇骏继承了日产 SUV 一贯的造型风格，线条硬朗，前脸几乎和老大哥途乐一模一样，特别是水箱格栅的设计，更是一脉相承。

奇骏的整个车身显得很俊朗，配合 215/65 R16 的轮胎，更有硬派小生的感觉，和其竞争对手本田 CR－V、丰田 RAV4 的柔性化设计有较大的区别，因而更受男士的喜爱。

与 2012 款的奇骏相比，其最大的区别在于前脸处加了个大包围，个人觉得这与车身整体轻盈的感觉不是很协调，略显笨重，这一设计似乎是想给奇骏注入一些越野车的元素。其外观给人最突出的印象就是 0.56 平方米的大天窗，这几乎相当于两个小轿车的天窗的面积。奇骏的 A、B、C 柱都显得较为粗壮，在制作上削的很有力度。

奇骏的仪表板设计得比较个性，仪表板布置在整个面板上，离驾驶员的视线比较远，在行驶中，必须稍微挪动一下头部才能看清楚。也许这是为了防止驾驶员长时间固定一个姿势而采取的“巧妙设计”。要想充分享受奇骏的动力，保证乘员的舒适感是非常重要的。它的第二排座椅靠背的倾斜角度可进行多段调节，中央有扶手，左、右座位设有头枕和三点式安全带，中间乘员仅有一个两点式安全带。可惜的是，由于牺牲了腿部空间，头部与肩部的空间也较小，从而让后排乘员的舒适感打了折扣。

奇骏在公路上的表现令人满意，其动力性（百公里加速用时为 11.6 s，这一成绩可以在奥运会上摘得一块银牌）、噪声的隔绝和行路品质都具有接近轿车的水准。但是与同级别的城市四驱车一样，奇骏的驾驶感受与轿车相比仍存在一定的距离，其方向盘的路感也不够直接和细致。日产奇骏的悬挂可以将不平路面的颠簸有效地过滤掉。

但在高速过弯时，其车身不可避免地会出现明显的侧倾，而且转向反应略显迟钝。

“X－TRAIL”中的“X”代表挑战 4×4 的车辆，“TRAIL”代表轮辙、崎岖的道路和越野地势。将这两个要素结合起来，“X－TRAIL”就代表新颖的 4×4 车。其新颖之处在于它的 ALL MODE 全模式四驱系统，这套系统由电脑控制，可以在城市路面、雨雪天路况不佳和极端恶劣等不同的情况下，选择 2 驱、自动与 4 驱锁定等模式，操作方法比较简单。这听起来不错，但它有一个与生俱来的缺陷，即它是一套即时的四驱系统，而且没有配备越野低速挡，虽然这可以提高燃油经济性并降低成本，但其本身没有独立悬挂以及加力箱的设计，使其在越野性能上与传统的硬派四驱车有着本质的区别，也就是说，在真正的恶劣路况下，奇骏心有余而力不足。

四、六方位介绍

（1）正面，如图 3.1.25 所示。

图 3.1.25　奇骏正面

增大、增高的新颖前保险杠，显得大气、粗犷而又有时尚感，配以圆形前雾灯与下导流板，不仅提升了奇骏的越野行驶安全性，而且使整车造型更有动感，给人以充满激情的感觉。

与车体同色的前后保险杠、车门外把手及镀铬化的前格栅和后视镜，在豪放的 SUV 个性中更体现出浑然一体的感觉。

其宽大的外轮罩设计，不但保证了前悬上、下的行程，提升了车辆的通过性能，更使奇骏的外观动感十足，线条饱满，充分体现出其外形设计的考究与威武。

其外观上的一大特色是为了增加运动感而设计的独特且有特殊功能的后部隆起车顶，其好处有以下三个方面：

①保证后排视野开阔，充分享受乘坐乐趣。

②在发生意外事故时，能最大限度地保护车顶不发生变形，从而充分保证乘员的安全。

③能确保后备厢有足够的空间，使旅行生活无忧无虑。

（2）侧面，如图 3. 1. 26 所示。

图 3. 1. 26　奇骏侧面

奇骏的车身线条明快、动感十足，流线型的车身设计更具吸引力。其车顶的铝合金运动性管状行李架，最大化地拓展了后备厢的空间，加上行李架上方设置有杂物筐，充分体现出奇骏无所不能的感觉。

与车体同色的前后保险杠、车门外把手及镀铬后视镜，在豪放的 SUV 个性中更体现出浑然一体的感觉。独特的后门把手的设计符合人体工程学，并增加了前后的层次感。

其轮眉和腰线设计展现出俊朗的越野造型，粗犷、大气而又相当精致。其宽大的外轮罩配合 16 英寸的铝合金宽胎，体现出外形的威武。亮丽的铝合金轮圈，不但容易清洗，且能减小车重，更凸显出奇骏纯粹的越野血统，而闪亮的车轮装饰罩则体现出其外形设计的考究。奇骏标配 245 或选配 255 超宽轮胎，增加了车辆的稳定性及承载能力。

对于那些喜欢运动型的车主来说，奇骏的悬架结构足以让其满意。奇骏的前悬架为不等长的双叉横臂独立式设计，两个前轮可独立吸收振动和冲击载荷，充分保证车轮在上、下运动时能保持直立贴地，从而能提供一流的乘坐舒适性与相当优异的操控性。其后悬架则采用了可承受重荷的钢板弹簧式设计，而其可变刚度的特性能让车辆在不同的载重状况下都具有舒适的乘坐感。

针对中国的路况，奇骏对结构进行了改进，NISSAN 专门设计了较软规格的减振器，并与性能优异的前、后悬架系统匹配，在确保奇骏具有良好的操纵性与较强的横向稳定性的同时，仍具备良好的行驶平顺性和卓越的乘坐舒适性。

（3）侧方45°，如图3.1.27所示。

图3.1.27　奇骏侧方45°

奇骏引领SUV潮流的外观造型显得新颖独特且运动感十足。整车线条简洁流畅，造型既符合空气动力学原理，又与目前流行的汽车设计方式相呼应，配合其标志，显得很大气，如图3.1.27所示。

水晶钻石式前大灯与多功能透明反射玻璃雾灯的组合，使奇骏充满灵气、个性化十足、醒目且具有尖端技术风格，也让夜晚行车更加安全。

车顶配有设计合理的翼型结构导流板，能引导气流从行李架上流过，而不是穿过，这样可以降低风阻，从而也降低了的噪声，并增加了气流下压力，使行驶更稳定。

（4）后方，如图3.1.28所示。

图3.1.28　奇骏后方

奇骏的后背门玻璃面积很大，并设有雨刮器和加热装置，这种设计使内后视镜的视野不受阻碍，并使其功能得以充分发挥。其转角式尾灯可同时提供后方及侧方的安全信息。搭载VG33E的奇骏配置了倒车雷达，更增添了一份主动安全性。其后保险杠上还配备了两个反光片，以增加行车的安全性。

它的尾部带加强型骨架的金属后保险杠及宽大的后备厢，可有效地减弱发生后方碰撞时的冲击力，保障乘员的安全。为引领时尚的SUV设计，其备胎放置在车底盘下，这样的设计使倒车时不会发生误判距离的情况，可以避免小的碰撞。其考虑周到的后背门脚踏设计，方便搬运货物。其后举升门的开度大，进出便利，遇到雨天时还可提供额外的遮雨保护，其液压式挺杆使操作更轻松。

（5）驾驶室，如图3.1.29所示。

图3.1.29 奇骏驾驶室

豪华级奇骏配备了无线电遥控门锁系统，以实现远距离开锁和闭锁的操作。车门可以大面积与大角度地开启，加上标配的侧面踏板，使进出车辆变得更加容易和方便。

合适的座椅高度、极佳的侧面包覆性与人性化的靠背曲线设计，加上如同沙发般的真皮座椅，使乘坐更舒适，并可减少驾驶疲劳，特别适合长途和越野旅行。它的可调式四幅式方向盘可以自由调整，且不用担心仪表盘的可视性。奇骏配备了助力转向系统，有助于轻松驾驶。它的电动车窗使驾驶员和前、后排乘员更方便、更安全。

它还配备了专为奇骏精心设计的Panasonic的AM/FM/CD及磁带音响系统，其大大的按钮操作起来非常方便。其大功率的内部放大器与高品质的扬声器能传送绝对高保真且富有磁性的美妙音乐。它的电子式空调系统的温度操控准确、方便且功率强劲，与车内空间融为一体的空调出风口设计可以绝对保证前后左右所有乘员的舒适度。

按照以人为本的设计原则，奇骏的各项操作轻柔灵活且触手可及，各种信息一目了然，这些设计大大增加了驾驶员的行车舒适性及安全性。

人性化的仪表设计，配以醒目的白色仪表，使数据读取更方便。仪表板内设有各式警告灯，当侦测到电子系统出现故障时，会预先给出警告信号，使行车无忧无虑。仪表板表面是用软塑料吸能材料制成的，这种材料能在碰撞时减少对驾驶员的伤害。

中控台布局合理、使用方便，可以确保驾乘人员在行车时不分神。它的线条流畅，与整车的外观、内饰融为一体，凸显奢华、高级的感觉，实现了用简洁的逻辑创造出完美的感觉。

门边地图袋的设计大小适中；遮阳板的质感高档，操作轻巧，面积大且实用。人可以舒服地将胳膊肘放在杂物斗上面，里面还可以放进 CD、磁带和地图等。杂物斗有两个搁杯架，其巧妙的设计适合放两种尺寸的饮料杯。

它的高视点设计保证驾驶员可以获得最佳的视野，更体现出驾乘奇骏时“高人一等”的感觉。它的大面积侧窗玻璃，扩大了前方和侧向的视野，保证了行车安全。在仪表盘侧面设置的侧窗出风口，在必要时能为侧窗除霜，以保持视野清晰。其超大型外后视镜将后方情况完全纳入视野，且其采用电动控制，让驾驶者更得心应手，行车无后顾之忧。其内后视镜具有防炫目功能，对于黑夜中后方来车的炫目灯光可以使用此功能，通过手动调整来减少炫光对驾驶员的干扰，简单而又实用。

它的前雨刮器的间歇速度可无级调速变频，驾驶员可根据实际雨量的大小完美地调整雨刮器的动作，并将前风挡玻璃刮得干干净净，保证视线清晰。

（6）发动机舱，如图 3.1.30 所示。

图 3.1.30　奇骏发动机舱

奇骏有两款发动机配置。无论是 V6 的 VG33E 还是直列 4 缸的 KA24 发动机，都能提供充足的动力。两款发动机均为低噪声、低排放的绿色环保机型，这使奇骏整车的车外加速噪声只有 72 dB，可轻松满足国家标准和欧Ⅱ标准。与发动机匹配的不锈钢排气系统，可大大延长发动机的使用寿命，即使在路况恶劣的情况下也毫不费力。

KA24 发动机是一款直列 4 缸、16 气阀 DOHC、150 ps 的发动机，它在 3 600 r/min 的低

转速时能发出 208 N·m 的最大扭矩。此时，发动机的吸气及排气效能提升，动力更加强劲。

它的中置火花塞能达到均匀的燃烧效果，且能减少耗油量，使排气更洁净。其电子控制多点燃油顺序喷射系统会根据行车状况而调整汽油浓度及点火时间，从而起到增加输出、节约燃料、使排气更洁净的作用。

它从 0 加速到 100 km/h 所用的时间仅为 13.1 s；定速为 60 km/h 时会消耗 6.5 L/100 km 的汽油，最大爬坡度为 60%。可见，其性能强劲又省油。

该车采用了不需要定期维护的正时链，即不需要像正时皮带那样定期更换，从而降低了费用，也减少了麻烦。

豪华级的奇骏搭载 170 ps 的 V 型 6 缸发动机。它能够在 3 600 r/min 时发出 265 N·m 的最大扭矩，而在 1 500 r/min 的低转速时就能够发挥最大扭矩的 90%。因此，对它来说，在陡峭的路面上爬至顶点也就不在话下了。这种发动机运行时出奇地平稳，这要归功于它采用了轻型活塞和光滑如镜、摩擦极小的曲轴和凸轮轴，从而使机件运动时产生的振动达到最小，因而能完全展现其舒适、优雅但又极具动力的特点。

它的起动机与发电机都采用了技术先进、世界著名的日立产品。其中，起动机采用密闭结构，适合在各种恶劣的环境中使用。它采用电磁优化设计，并采用低电压、大电流的触点材料。因此，其具有体积小、效率高、功率大和寿命长的优点。其发电机为智慧型大电流输出式发电机，内装电脑模块，它可以在适当的时机对发电机进行自动卸载，不会消耗发动机的功率，以保证其动力性能的平滑过渡。

3. 核心卖点介绍

（1）电子转向助力系统，如图 3.1.31 所示。

转向机
新奇骏的转向系统依旧与老款车型相同，采用了电子转向助力系统
这代车型将这套系统的功能进行了衍生，自动泊车功能便是依靠电
子助力系统实现方向盘的转动。另外，如车道保持等驾驶辅助功能
未来还可能有提升空间

图 3.1.31　奇骏的电子转向助力系统

虽然新奇骏的转向系统仍旧使用电子转向助力，但相比上一代车型，新奇骏增添的驾驶辅助系统进一步拓展了电子转向助力的功能。其中，能实现侧方停车和倒车入库的自动泊车功能就是其中一项提高舒适性的功能。此外，它的车道偏离警示系统虽然仅能在车辆偏离车

道时进行提醒，但在日后的改款车型中，不排除以此为架构的技术将植入主动修正功能的可能性，当然，与之匹配的部件和程序也需要在原有基础上进一步优化。

（2）动力性。

这款奇骏采用了2.0 L + CVT的动力组合，且没有四驱系统。虽然看上去有点平淡，但实际上这套动力系统足以满足日常代步的需要，甚至还会给你一点小惊喜。图3.1.32所示的这台2.0 L发动机采用直喷技术，其最大功率为150 ps，最大扭矩为200 N·m，从数值上看并没有什么惊艳之处，不过这台发动机的输出线性好，而且低扭矩时也并不乏力，再加上CVT变速箱良好的匹配，让它的动力输出很令人满意，如图3.1.33所示。

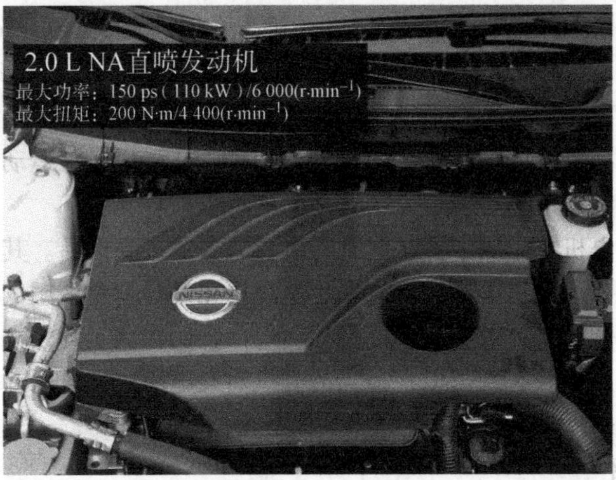

图3.1.32　奇骏发动机

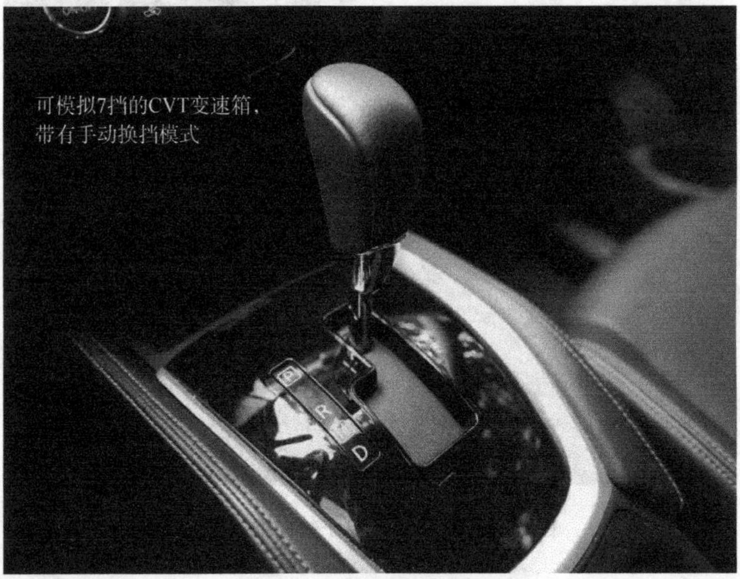

图3.1.33　奇骏变速器

（3）驱动模式，如图3.1.34所示。

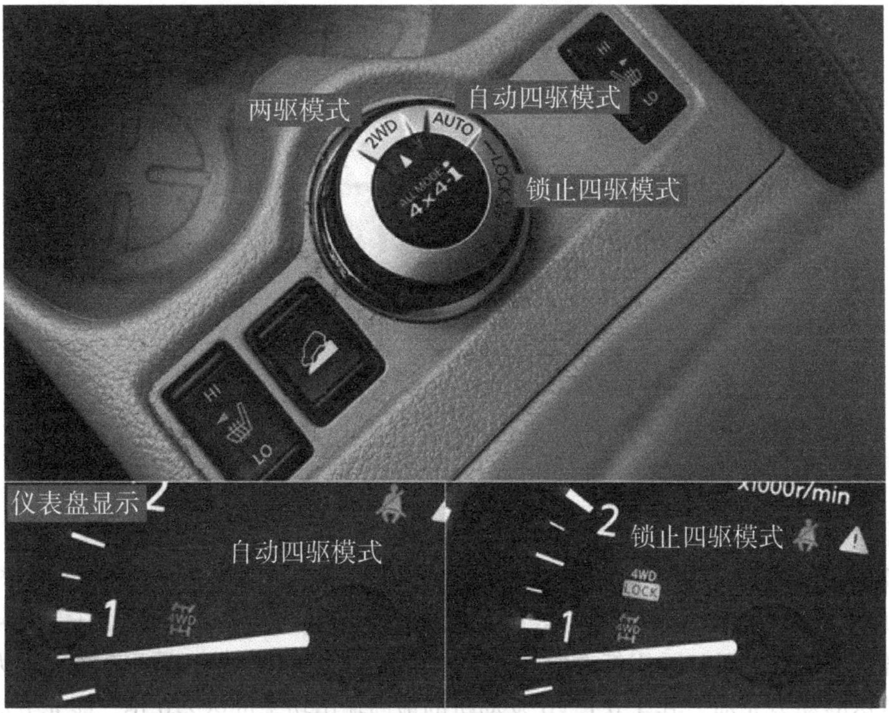

图 3. 1. 34　奇骏的三种驱动模式

奇骏的四驱系统设置了三种驱动模式，即 2WD（两驱模式）、AUTO（自动模式）和 LOCK（锁止四驱模式），其驱动旋钮位于换挡杆后方，如图 3. 1. 34 所示。

在两驱模式下，其中央差速器断开，即车辆为前驱状态，也是其日常使用最多的模式；在 AUTO 自动模式下，主要还是以前驱为主，不过车辆会根据路况（如前轮打滑、加速起步等）适时地介入四驱，这个模式主要用于湿滑或坑洼等路面；而在 LOCK 模式下，中央差速器锁紧，其前、后轴的动力分配固定在50:50，该模式多用于较为复杂的越野路面。四驱系统处于“AUTO”或者“LOCK”状态时，仪表盘上会有相应的显示信息。

任务 3. 2　30 万 B 级 SUV 的选购

一、汉兰达车型介绍及推荐

1. 车型概述

丰田汉兰达（Highlander）拥有宽大的车身和创新的、宽敞的内部空间。它是丰田家族中的一款大尺寸的 SUV，而且汉兰达标配了在同级别车型中最高标准的安全装备。这款 SUV 在行驶时非常安静，而且灵敏性超凡，同时将多功能性和驾驶舒适性汇聚于一身，如图 3. 2. 1 所示。

2007 年 7 月 2 日，丰田汉兰达以进口的方式，正式在中国上市；随着广汽丰田第二工厂的建设，汉兰达国产的信息越来越清晰；2009 年 4 月 12 日，广汽丰田的国产汉兰达正式

图 3.2.1　丰田汉兰达

发布，并随后在 2009 年上海车展上亮相；2012 年 6 月 9 日，改款汉兰达全新上市。

1）2001 年的第一代汉兰达

2001 年 1 月，全新概念的汉兰达在美国首次亮相，汉兰达的平台基于 LexusRX300，其设备齐全，空阔宽敞，采用标准的 4 挡变速器，并具有四轮全时驱动系统，动力转向迅捷。汉兰达的动力充沛，其 3.0 L V6 发动机的最高输出功率可达 220 ps，能充分满足人们越野驰骋的愿望。它同时提供 2.4 L 4 缸 155 ps 的发动机，主要适合在城市中生活的人们驾驶。

2）2004 年的第一代改款汉兰达

2004 年，进行了一系列改动的汉兰达让人们眼前一亮，新的 3.3 L V6 发动机将它的最大输出功率提高到 230 ps，而 5 速手自一体式自动变速箱使得其操控更加灵活、自由。同时，新的三排座椅的采用迎合了人们全家出游的需要；当不需要第三排座椅时，还可以将其折叠起来以获得更大的储物空间。其燃油经济性好，因此很快就成为丰田品牌在美国较畅销的 SUV 以及中高档 SUV 市场上的畅销车。

3）2007 年第二代汉兰达

为了迎合美国消费者的需要，于 2007 年推出的汉兰达采用了标准的安全气囊和双排侧窗帘气袋，并配备了 215 ps 的 V6 发动机。汉兰达经过精心设计，具有出色的偏置碰撞结果，且安全可靠，并给人以宽敞、安静和舒适的感觉。它在精致的外观上加入了新的动力元素，因而能在市场上继续延续丰田的神话，并在美国的中高档 SUV 市场上保持着较高的市场占有率。

4）2007 年 7 月汉兰达在中国上市

2007 年 7 月，丰田汉兰达以进口的方式，正式在中国上市。它的座椅、设计时尚的中控台、多功能信息显示系统、倒车影像系统、3 区独立控制自动空调系统和剧院式音响，无不营造出极具高级感的空间享受和舒适体验。它采用输出动力高达 201 kW 的 3.5 L V6 发动机，并配备 5 速手自一体式自动变速箱，使其具有卓越的操控性和驾乘舒适性。

5）2009 年第二代国产化汉兰达

最令中国消费者高兴的是，第二代汉兰达于 2009 年正式通过广汽丰田国产化。国产化后的汉兰达，根据中国国情，将排量调整为2.7 L及3.5 L两种。国产化后的汉兰达配置不变，价格更低，能让更多的消费者根据自身条件选择对应的车型等级。国产化后的汉兰达是国内首款定位于豪华型城市 SUV 的车型，其准确的定位和富有特点的产品，让其在上市之后一直处于供不应求的状态。

6）2012 年 6 月第二代小改款

三年磨一剑，国产汉兰达在上市三年后终于迎来了第一个改款。本次改款的价格不变，改款的重点放在对外观细节部分的改动、配置的小幅升级以及内部空间的组合多变方面。改动后的新车型的线条被诠释得更加有力。格栅、前大灯与雾灯棱角分明的犀利造型融入了十足的现代气息，更加迎合年轻人的口味。其中控台部分的大面积桃木装饰则增强了车辆内部的豪华气息，而庄重、时尚是此次汉兰达改款后给人带来的感觉。

我们从获得的车身参数与外观图片来看，重新申报的汉兰达与现款车型并无不同，只是发动机的型号稍有改变。

从动力参数来看，GTM6481AD 换装了一台编号为 3AR 的 2.7 L 发动机，相比之前装载的 1AR 发动机，其最高功率由 190 ps（140 kW）降至 188 ps（138 kW）。新车对发动机的功率和扭矩曲线做了重新调校，以提升该车在低转速下的扭矩表现。

7）2013 年第三代汉兰达

在 2013 年的纽约车展上，丰田最受人瞩目的车型当属全球首演并在美国市场具有举足轻重地位的第三代汉兰达。在本次换代中，丰田不仅为汉兰达带来了全新的外形，更带来了与之搭配的 3 款动力心脏，其中包括 2.7 L 直列 4 缸、3.5 L V6 和 3.5 L V6 Hybrid 油电混合动力。同时，丰田还表示，汉兰达于 2014 年初正式在美国上市销售。

2. 六方位介绍

（1）正面，如图 3.2.2 所示。

图 3.2.2　汉兰达正面

汉兰达的正面最吸引人的地方，除了其强悍有力的外观以外，还有 21 世纪颇具责任感的设计——行人保护，即在车的前保险杠、发动机舱盖和翼子板等处都进行了加固，并在支架下部安装了缓冲装置，以减少对行人腿部的伤害。现在，我们可以按照从上到下的顺序依次看看汉兰达正面的具体配置。首先是大面积的前风挡玻璃，同样采用的是双层绿色隔热玻璃，它在不贴防爆膜的情况下也能起到隔热的作用；另外，它的大面积间歇式无骨雨刮让整个前风挡更干净，而其使用寿命是普通雨刮的三倍。它的隐藏式出水口很美观，并且可以防止出水口的堵塞，使用起来更省心。接下来，我们来看汉兰达的大灯部分，一辆车的大灯相当于一个人的眼睛，是心灵的窗户，车子有没有神关键取决于大灯，汉兰达的大灯采用树脂材料（比普通的玻璃材料更坚韧），其全系均采用的是卤素大灯，由于越野车较多时间会在野外行驶，为了可以在大雾的天气中也能有很好的照明，必须采用卤素大灯。下面就是雾灯了，它的雾灯采用圆形设计，这样可以在恶劣的天气下达到良好的穿透力，以保证更高的安全性。

（2）侧面，如图 3.2.3 所示。

图 3.2.3　汉兰达侧面

从车的侧方，我们可以很直观地看到车的长度，汉兰达的车长为 4 785 mm，轴距为 2 790 mm，这对于整个车内的空间是很有保障的。关于轮胎部分，汉兰达共有两个型号的轮胎，精英版统一使用的 17 英寸铝合金轮毂 P245/65 R17 和 P245/55 R19。这两款轮胎具有良好的抓地力。在刹车方面，它采用前通风后实心盘，因而刹车性能更出色。在悬挂方面，它采用了技术成熟的前麦弗逊后双连杆式独立悬挂，并对悬臂、弹簧和减振系统都进行了全新的改良，并且扩大了轮距，从而实现了优越的行驶稳定性和驾驭舒适性。汉兰达不仅因其外观大气让人倍感安全，而且它身上还配备了所有的汽车安全系统，包括 ABS、EBD、BA、VSC、TRC、上下坡辅助系统和 7 个安全气囊。

（3）侧方 45°，如图 3.2.4 所示。

观看汽车的最佳位置是车子斜前方 45°的地方。汉兰达的侧面显得非常大气，无论是公

图 3.2.4　汉兰达侧方 45°

用、私用都能让驾驶者表现得游刃有余，这是一台能使人同时获得个性、品位、潮流、优越感和地位感的车。

（4）后方，如图 3.2.5 所示。

图 3.2.5　汉兰达后方

汉兰达的后尾部，首先呈现在我们面前的是其大型的后备厢，其高配车型带有电动控制后备厢功能，豪华配置车型带有单独可开启式的后备厢盖。其下置式备胎更方便操作，LED 后刹车灯反应更快、更安全，遇到下雨天还可以坐在后备厢内聊天、钓鱼。如果有朋友结婚，这一设计还可以为拍摄 DVD 助一臂之力。

（5）驾驶室，如图3.2.6所示。

图3.2.6 汉兰达驾驶室

汉兰达采用自发光式仪表盘，圆表的外框部分呈现出3D的立体效果，展现出了魅力十足的高科技感。这款车还采用了3.5英寸的彩色多功能信息显示屏，在行驶信息中可以显示时间、室外气温、可续航里程、平均油耗和总体行驶距离等，且通过方向盘就可以进行显示功能的切换与调整。

再来看它的变速箱，3.5 L的汉兰达采用了5速手自一体式变速箱，在确保操控乐趣的同时，实现了低振动、低噪声、低油耗和平顺的换挡性能，令其驾驶性能非常出众。它还配有智能坡道控制逻辑，能在上下坡时有效地控制频繁换挡。

汉兰达的DVD多媒体语音导航系统配有8英寸的粗模式信息显示屏，其视觉效果好，并集导航、音响、蓝牙、免提电话和倒车引导等功能于一身，且操作快速、便捷。车内的空调系统采用的是3区独立控温空调系统，即驾驶席、副驾驶席以及后排空间的温度可以分别进行调节；同时还配置了温度传感器来控制空调；而大按钮的控制面板既美观大方，又便于操作；它配置的防尘型空气过滤器提高了驾乘的舒适性，为车内的每个人都提供了舒适的乘车环境。

汉兰达的车内精心设计了各类储物空间，伸手可及，而且能使物品有序地分类放置，方便寻找，充分体现了丰田人性化的设计理念。汉兰达在主、副驾驶席前部，前排两侧，后排两侧和驾驶席膝部共安装了7个二级式SRS安全气囊，这些二级式空气囊能根据车辆前方冲击力的大小控制空气囊展开的速度和力度，从而最大限度地保护驾乘者的安全。

（6）发动机舱，如图3.2.7所示。

发动机是一辆车的心脏，是车主非常注重的一个重要配置，下面让我们来共同见证汉兰达的心脏部分——发动机。汉兰达采用了两款发动机，即2.7 L和3.5 L。3.5 L原装进口发动机采用了丰田最先进的双VVT－i、2GR－FEV6发动机，该发动机采用电脑控制进、排气

图 3.2.7　汉兰达发动机舱

门开起的双 VVT－i 装置，实现了进气到排气的高效率，不但能提供优秀的动力输出，还具有极好的静谧性和极高的燃油经济性。2.7 L 发动机是和普拉多一样型号的发动机，它在原有基础上进行了改良，使其动力更强劲。

3. 核心卖点介绍

（1）内饰，如图 3.2.8 所示。

中控台使用了软质材料，比老款强不少，
而且采用双逢线包边，精致感有所提升

图 3.2.8　汉兰达内饰

它最明显的变化就是中控台，采用了不对称的设计，显得层次感丰富，由此可以看出这是丰田最新一代的设计路线。中控台的绝大部分采用软质材料制造而成，而且其缝线包边效果也很到位，这些细节将内饰氛围提升了一个档次，如图 3.2.8 所示。

汉兰达的方向盘尺寸较大，采用皮革包裹后手感不错，且握感舒适，挑不出什么硬伤，如图 3. 2. 9 所示。透过方向盘，仪表盘中规中矩，没有什么花哨的设计，所有信息都能一目了然。高配车型的仪表盘上配置了一块 4. 2 英寸的彩色屏幕，而中低配车型中则只有常规的 3. 5 英寸黑白单色屏，如图 3. 2. 10 所示。

方向盘的握感出色，粗细适中，
而且用来包裹的皮革很细滑，多
功能按键的位置和触感没得挑

图 3. 2. 9　汉兰达方向盘

仪表盘确实没什么亮点，好在各项数据读取都非常清晰，
高配车型的行车电脑显示屏为彩色，低配的则为一块单色屏

图 3. 2. 10　汉兰达仪表盘

视线右移，第一感觉就是所有按键和旋钮的尺寸依旧很大，这在丰田系列的车上似乎是传统，其好处自然是为行车中的操作提供便利，不用分散过多的精力和视线去寻找功能按键，而且它的功能按键比较少，需要操作哪个一目了然，如图 3. 2. 11 所示。旋钮的手感令人喜欢，且阻尼适中给人一种非常细腻、绵柔的感觉，就像日本音响上的旋钮，如图 3. 2. 12 所示。

其中控屏幕是全系车型都配备的，高配使用 8 英寸显示屏，如图 3. 2. 13 所示；低配则使用 6. 1 英寸显示屏，由于尺寸缩小了，在气势上自然显得略弱一些。它在实用性方面无可挑剔，虽然系统的设计并不靓丽，也没有吸引眼球的图标，但使用起来很方便，上手没有任何难度，各种功能一目了然。

AUTO
OFF
REAR TEMP
REAR
SYNC
A/C
所有丰田车的中控台上的按键和旋钮尺寸都很大，
其好处是在行车中方便操作，不用分散太多精力

图 3.2.11　汉兰达中控台按键

12:49
AUDIO
HOME
MENU
通用
如果你用过日本音响的话，
对旋钮的手感一定不会陌生，
就是那种绵柔顺滑的感觉

图 3.2.12　汉兰达中控台旋钮

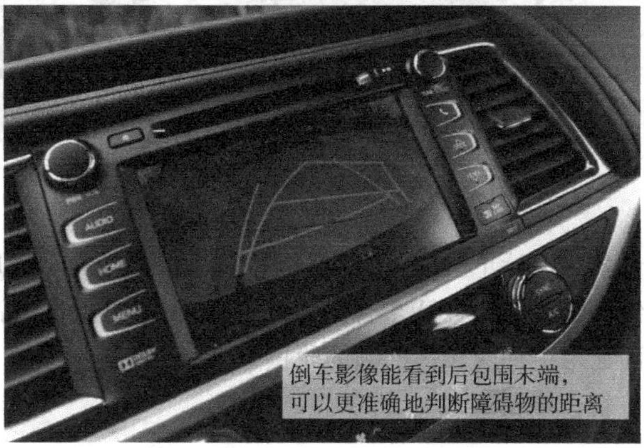
AUDIO
HOME
MENU
倒车影像能看到后包围末端，
可以更准确地判断障碍物的距离

图 3.2.13　汉兰达 8 英寸显示屏

（2）外观，如图 3.2.14 所示。

在车身尺寸方面，相比老款，全新汉兰达的长（+59 mm）和宽（+15 mm）都有一定的提升，其整体数据在同级别中处于主流水准。

图 3.2.14　新款汉兰达

全新汉兰达采用了最新的设计语言，国产车型和海外车型基本保持一致，除了尺寸比老款车型大之外，其由内而外的全新设计也让人耳目一新。

它的轮胎采用邓禄普的 GRANDTREK 系列，带有 M + S 标识（泥泞与雪地），该款轮胎更注重在公路以及非铺装路面上的性能，其尺寸为 245/55 R19 T103。它的 19 英寸的五幅式轮圈看起来粗壮有力，配上汉兰达这个体型刚好合适，如图 3.2.15 所示。

图 3.2.15　新汉兰达的车轮和轮圈

其底部的设计与老款的设计十分接近，雾灯下方是时下流行的 LED 日间行车灯，下部的黑色塑料件利用视觉冲击营造出 SUV 应有的野性。略微降低的车身高度和搭配一气呵成的流畅线条让车身侧面显得更加修长。饱满的轮拱好像是它发达的肱二头肌。全框式车窗和镀铬装饰条令人耳目一新，如图 3.2.16 所示。

（3）动力性。

它的 2.0T 发动机的最大马力为 220 ps，最大扭矩为 350 N · m，如图 3.2.17 所示。这款发动机在国内市场最先出现在雷克萨斯 NX200t 中，在新汉兰达中，其输出稍微调低了一点。但最值得一提的还是它身上的新技术，丰田军械库里的新武器都用在新汉兰达身上了，和同级别的对手相比，这款发动机出色的油耗表现是最大的亮点。

结结实实的厚重感
尾部造型比较规矩，但和整体外观风格比较搭，规矩方正的轮廓和线条看起来特别协调

图 3.2.16　新汉兰达的尾部

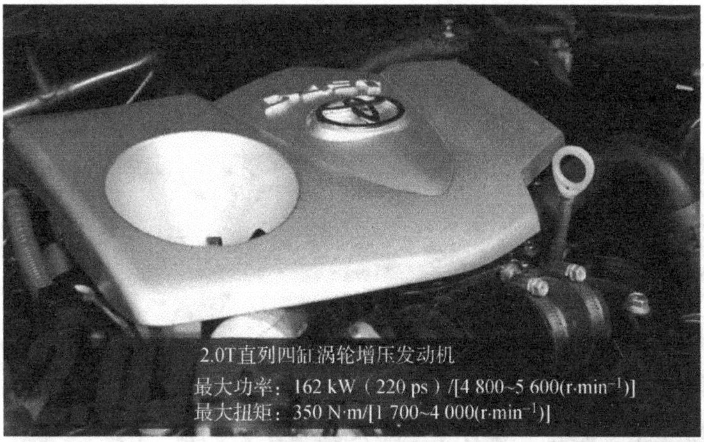

2.0T直列四缸涡轮增压发动机
最大功率：162 kW（220 ps）/[4 800~5 600(r·min⁻¹)]
最大扭矩：350 N·m/[1 700~4 000(r·min⁻¹)]

图 3.2.17　新汉兰达 2.0T 发动机

虽然牌面不变，但新汉兰达的 6 速自动变速箱还是作了不少的革新，如图 3.2.18 所示。它使用了新设计的挠性锁止离合器，其软件控制系统也重新升级，这使得它在驾驶的平顺性和油耗表现方面都有明显的提升，而手动模式也同样没少。

图 3.2.18　新汉兰达 6 速自动变速箱

二、昂科威车型介绍及推荐

1. 车型概述

别克昂科威2.0T携强者基因全新上市。它搭载全新一代1.5T直喷涡轮增压发动机及7速智能双离合变速箱，以更好的性能、更低的油耗和更佳的操控，成就更强大的起步。

昂科威的总体风格与昂科雷比较接近，而与小巧动感的昂科拉则完全不是一个路线。别克家族直瀑式的进气格栅配备在昂科威的车头上显得很威武，而且豪华气质十足。昂科威的车身侧面采用了双腰线设计，紧凑而动感，避免了一些同级SUV的臃肿造型。其饱满圆润的车尾，尽管没有任何花哨的部分，但十分符合其中型SUV的大方向。

昂科威的内饰维持了别克家族的环保式中控设计，其仪表台上部采用了皮质包裹，再配合较大面积的木纹装饰，展现出很强的质感，同时手感也不错。高配的仪表反映了别克家族最流行的趋势，它的中间是一块面积达到8英寸的彩色行车电脑屏幕，且具有更换显示主题的功能，不但显示的信息丰富，更保持了领先同级别车的前卫样式。

2. 六方位介绍

（1）正面，如图3.2.19所示。

图3.2.19　昂科威正面

别克倾力研发的高档中型SUV昂科威，汲取了别克概念车“愿景”的设计精髓，汇集了来自全球领先的设计理念和时尚审美气息，并将大气与优雅、品味与简约融为一体。它以动感、优雅的现代化外观，宽敞舒适的乘坐感受以及强劲有力的操控性能全方位领先于同级别车，为该级市场树立了新的标杆。

首先映入眼帘的是昂科威动感、大气的前脸。看到别克家族式的镀铬进气格栅，以及镶嵌其中的别克三盾标志，我们便知道这是别克，品质卓越的别克，心静、思远、志行千里的别克。沿梯次排列的红、银、蓝三盾标志代表了激情、科技与典雅，象征着别克的事业蒸蒸日上，也寓意别克车主的人生更上一层楼。

（2）侧面，如图 3. 2. 20 所示。

图 3. 2. 20　昂科威侧面

昂科威的车身尺寸介于途观和全新胜达之间，但是其轴距却是三者当中最长的，至于这么大的轴距能否为昂科威赢得较大的乘坐空间，我们稍后再揭晓答案。从车身尺寸上也能看出，昂科威的定位是在途观、翼虎这类紧凑型 SUV 之上，在全新胜达、汉兰达这类中型 SUV 之下。

其饱满流畅的车身线条显然不及对手那么骨感，那么它在动感方面会显得沉闷单调吗？别开玩笑了，哪怕是小个子的昂科拉也能够以一幅张牙舞爪的面目示人，那么昂科威当然也不会缺少进取的姿态，其侧面的线条流畅而神髓十足，每一个细节都显得非常动感。

（3）侧方 45°，如图 3. 2. 21 所示。

图 3. 2. 21　昂科威侧方 45°

昂科威的展翼型 HID 感应大灯如鹰眼般镶嵌在车的两侧，该款大灯集成了自动感应、水平调节、延迟熄灭、AFS 和 HBA 功能。当在夜晚驶过弯道时，AFS 自适应转向大灯的灯光会根据转向意图进行照射角度的调整，内侧调整角度可达 15°，外侧调整角度可达 7°。这一设计在大大减少视线盲区的同时，可以保证行车的安全性。当会车的时候，HBA 智能自动远、近光控制功能则会根据行车的速度在 40 km/h 上下的变化来自动切换远近光，该功能最大限度地提升了行车的便捷性。回旋镖式的日间行车灯如珠玉般排列在灯组之中，优雅之中透出一丝犀利，在提升行车安全的同时又别具一格地展现出了昂科威的个性。凸透镜式的雾灯点缀在大灯的下方，其超远的射程及超强的穿透力能在雾天带给我们良好的视线。设计如此人性化的一款车，无论是白天还是夜晚，雨天还是雾天，开出去都能让驾驶者感到特别自信。

（4）后方，如图 3.2.22 所示。

图 3.2.22　昂科威后面

利落的曲线和简洁的曲面，勾勒出昂科威动感而饱满的车尾姿态。别出心裁的尾灯设计与后备厢融为一体，飞翼式扰流板带 LED 高位刹车灯，让整车的尾部看起来更加流畅、动感。昂科威的尾箱配备电动高度可调节举升门，可全部升起或升起 3/4，其调节按键就在左前门的门壁板上。另外，昂科威尾门的最大亮点就是它的脚部感应开启功能，当旅行外出抱着大行李或者去超市买东西时，只要随身携带钥匙，并在车尾排气管下方右侧轻轻用脚一踢，尾门就会自动打开并缓缓上升。放完东西后，再用脚一踢，尾门便会自动合上，特别便利。后排座椅支持 4/6 分割放倒，左右两边均设有明显的拉手，只要轻轻一拉就可放倒后座。放倒后座以后，其后备厢的容积可由 442 L 达到 1 550 L。如此大的后备厢容积，足以应对生活中对车辆储物空间的各种要求。

（5）驾驶室，如图 3.2.23 所示。

昂科威的内饰延续了别克家族标志性的 360° 环抱一体式设计，并遵循以驾驶员为中心的原则，因而其仪表盘、中控面板均围绕着驾驶座环拥而设，充满韵律感的弧线从中控台面板延伸到门线并自然融合，呈现出赏心悦目的一体感。与一般车型采用的木纹式花纹不同，

图 3.2.23 昂科威驾驶室

昂科威的中控台采用了大面积的大理石式花纹饰板，非常独特，在视觉上给人带来一种沉稳感。法式的同色双缝线设计遍布全车，而在座椅、中控面板和门内饰部分，昂科威采用了自然触感皮质或软材质包覆，提升了档次感。其经典造型的石英钟衬托出了昂科威的高档与大气。七组 boss 高级剧院音响、8 英寸高清触摸式显示屏、自动加热方向盘、前排可 12 向电动调节的制冷通风座椅和对开式的中央储物盒，这些设计无一不让人感受到整辆车的品质与尊贵。昂科威的静音效果在同级别车中是无可比拟的。它的前挡玻璃厚达 0.5 mm，其配备的间歇式无骨雨刮，大大增加了玻璃的刮刷面积，减少了雨天视线的盲区。同时，无骨雨刮工作时几乎不会有噪声产生，让人在雨中驾驶时倍感宁静、舒适和安全。昂科威的车门采用了 2.8 道隔音条以及双层绿色隔热隔音车窗玻璃，它遍布全车各处的吸音阻隔材料以及安装在发动机、排气管和轮胎上的一系列静音装置，加上全系标配的 ANC 主动降噪科技，让昂科威达到了图书馆级的静音效果。

（6）发动机舱，如图 3.2.24 所示。

昂科威采用了“沃德十佳”全新一代 2.0T SIDI 直喷涡轮增压发动机。它汇聚了双流道涡轮增压器、DVVT 连续可变正时气门、SIDI 智能缸内直喷技术等先进的动力科技，从而具有高性能和超耐久的优异特质。它可爆发出最高 191 kW/5 500 $(r \cdot min^{-1})$ 的最大功率，并在 2 000 ~ 5 300 r/min 超宽转速范围内可持续输出 353 N · m 的最大扭矩，其 95.5 kW/L 的升功率在同级别车中居于首位。百米冲刺仅需 8.4 s，让驾驶者即刻感受凌厉提速，力透身心。昂科威全系标配全新 6 速 DSS 智能起停变速箱，它采用全新离合器片材质、全新油泵和变速箱壳体设计，以及搭载了蓄能器，拥有极佳的平顺性和出色的燃油经济性，并支持发动机起停技术。在同级别车中，昂科威是唯一全系标配发动机起停功能的车型，针对城市的拥堵路口和“走走停停”的日常行驶，它能够最大限度地降低燃油消耗并减少尾气排放。

图 3.2.24　昂科威发动机舱

3. 核心卖点介绍

1）外观

既然一开始的目标就已经相当明确，那么昂科威在尺寸上自然不会客气。昂科威看上去比同级的对手都要大一圈，它给人一种厚实、稳重的感觉，还充满了 MPV 的味道，它以大欺小的姿态更能将霸气、威武的美式豪华风格鲜活地呈现在人们面前。它在整体造型上还是散发着别克浓重的豪华气派，流露着让人敬重和仰望的大哥风范，大尺寸和强气势的硬碰硬风格让昂科威充满硬朗的气质。

尽管对手都在运动感方面做足文章，并且还要削尖脑袋为动感“添油加醋”，但别克还是坚持以风味浓厚的美式豪华气派作为见面礼。所以，仅前脸就已经能够让人感受到其霸气强硬的家族风格，单是这份直截了当的霸气个性就能让人马上将它辨认出来，这就是别克始终自成一派的淡定。

浓厚的美式豪华元素在昂科威身上一样不缺，不管是霸气的中网设计（见图 3.2.25）

熟悉的家族风格
霸气的中网设计是别克不可舍弃的张扬个性，威武的形象早已深入民心，这样稳重的套路虽然看似保守，但其实也是最容易吸引目光的做法
昂科威

图 3.2.25　昂科威中网设计

还是饱满圆润的线条造型，这些都是缺一不可的典型别克美式张扬豪华风格设计，其霸气的形象早已深入民心，辨识度极高，这样稳重的套路虽然看似保守，但其实是最容易引起关注的。

霸气并不能完全撼倒动感，别克也大方地将对于时尚的把握展示在昂科威身上。其锐利有神的大灯非常引人注目，虽然线条轮廓上难改霸气的风格，但其复杂立体的层次感已经展示出足够的时尚与活泼，这些设计让其前脸的霸气更显精神。

昂科威整个侧面后段的造型更重视流畅，与前半部分比较规矩的轮廓呼应得很自然，并没有刻意夸张地放大它的身形优势，而是将它的壮硕拳拳到肉地平铺直叙，让人看着更加舒服、自然，如图 3. 2. 26 所示。

图 3. 2. 26　昂科威车身线条

它 19 英寸的轮毂样式依然充满着美式的张扬和霸气，粗壮的力量感让它显得更加醒目，如图 3. 2. 27 所示。其轮胎尺寸为 235/50 R19，轮胎品牌为固特异，它配备的是固特异御乘系列轮胎，这是一款定位比较高档的 SUV 轮胎，但它注重于公路性能表现和静音舒适性方面，因而比较偏重于城市驾驶方向。

图 3. 2. 27　昂科威 19 英寸的轮毂

2）内饰

其内饰的风格充满熟悉的豪华感，比起竞争对手，它在造型上并没有那么复杂，在轮廓上也缺少一些立体和动感，但昂科威并没有打算低调，只需把家族的大手笔豪华风格顺手拈来，其强大的气场自然是水到渠成的事情，然而这种风格虽然优雅，却也缺少了一些动感与时尚，挑剔而又时尚的年轻人或许对它不太感冒，如图 3. 2. 28 所示。

图 3. 2. 28　昂科威内饰

其内饰的整体造型采用了别克擅长的环抱一体式设计，如图 3. 2. 29 所示。它并没有像对手那样以常见的运动感撩动目光，反而以高贵、典雅来打动人心。其整体的轮廓简洁明了，线条自然清晰，视觉效果非常舒服、优雅，色调讲究深沉和品味，同样是以经典为先。

中控的设计布局明确，不同区域之间足够立体且方便区分，在视觉效果上也非常清晰直观，和别克其他车型的风格类似，只是在细节上更注重精致的点缀

图 3. 2. 29　昂科威的一体式设计

不拘小节的美式风格细节处理在昂科威上并没有出现，昂科威内饰细节的质感比起粗枝大叶的昂科雷要好很多。除了皮质和镀铬装饰的运用显得它质感十足之外，最吸引人的是仿

大理石纹路的装饰板，非常显档次，且不显俗气，将时尚和豪华完美地结合在一起，如图3.2.30和图3.2.31所示。

不拘小节的美式风格细节处理在昂科威上并没有出现，昂科威的内饰细节的质感比起粗枝大叶的昂科雷要好很多，皮质和镀铬装饰的运用显得质感十足

图3.2.30　昂科威内饰皮质

仿大理石纹路装饰板也非常显档次，比起木纹装饰。它给人的感觉更细腻舒服，将时尚和豪华完美地结合在一起
设计师也不仅仅是抱着豪华的风格不放，时尚的元素同样有货，仿大理石面板源自传统但也玩转传统，没有了沉闷的老气，转而散发着深沉动感的精致，不要觉得奇怪，它会用惊艳回应质疑的眼，细致的处理让面板呈现出光滑的手感

图3.2.31　昂科威仿大理石装饰板

中控的设计布局明确，不同区域之间足够立体且方便区分，在视觉效果上也非常清晰直观，和别克其他车型风格类似，只是在细节上更注重精致的点缀。其按键的大小和标示都做得很好，上手非常轻松，而且按键和旋钮的做工不错，手感非常棒，如图 3. 2. 32 所示。

功能不少但操作直观简单的空调系统
没有人会抱怨这个空调菜单操作复杂，其界面直观清晰，但它的功能其实并不少，座椅通风和加热功能都不缺，而且也能很快找到所需要的功能
AUTO
SYNC

图 3. 2. 32　昂科威中控台的按键

它的 8 英寸触摸屏视觉效果还算清晰，整套系统和别克其他高档车型一样，车辆功能的信息在上面显示得非常齐全，但实际操作起来，其流畅程度却显得一般，车主们反馈其操作有些生硬，如图 3. 2. 33 所示。

图 3. 2. 33　8 英寸触摸屏

中控底部的一排按键被别克称为 FlexRide 自适应驾驶系统，有几种不同驾驶模式可供车主选择，如图 3. 2. 34 所示。在不同驾驶模式下，电脑会根据需求随时调整底盘与动力总成

的工作表现，以满足驾驶时的不同需求。它还具有像陡坡缓降等一些越野方面的功能，配置倒是很齐全的。

SPORT
TOUR

图 3.2.34　FlexRide 自适应驾驶系统

它的全新三幅方向盘造型饱满灵动，动感效果非常棒，真皮的手感也相当好，接触皮肤时非常舒服，在同级别的车当中也算是形神兼备的好设计。方向盘上面的多功能按钮比较多，但布局尚算合理，操作起来也都比较顺手，熟悉起来并不太难，如图 3.2.35 所示。

全新三幅式方向盘造型饱满灵动，动感效果非常棒，
在同级别的车当中也算是形神兼备的好设计。方
向盘上面的多功能按钮比较多，但布局尚算合理，
操作起来也都比较顺手，熟悉起来并不太难

图 3.2.35　昂科威全新三幅式方向盘

其仪表盘的设计造型并不复杂，但镀铬的外圈装饰带给它简约而时尚的动感，也算是点睛之笔。仪表盘中央的8英寸显示屏的显示效果非常好，信息也足够全面，界面也很时尚动感，虽然这在其他别克车型上比较常见，但出现在昂科威上也不失科技感，如图3.2.36所示。

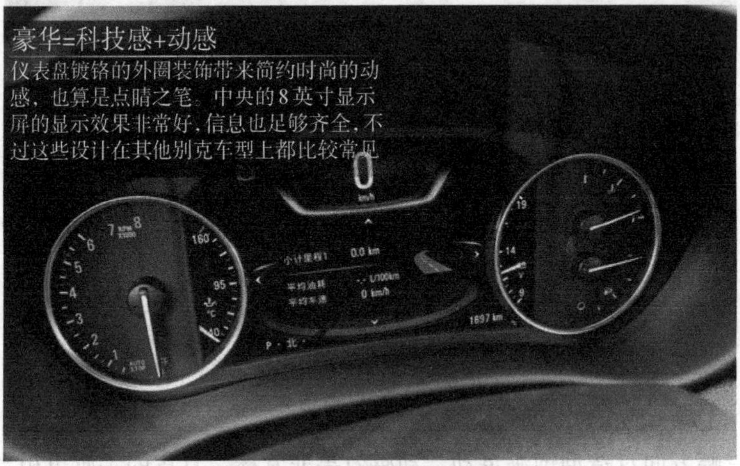

图3.2.36　昂科威仪表盘

3）内部空间

身高175 cm的体验者在舒适坐姿的情况下，其头部尚有一拳空余，如图3.2.37所示。昂科威的前排空间表现还是不错的，其坐姿也比较高，视野较开阔。

图3.2.37　昂科威前排座椅

它的超大尺寸全景天窗非常棒，能够提供多达0.74 m^2的透光面积，这项配置对于SUV来说还是挺有必要的，如图3.2.38所示。尤其是对手途观上面也配置了全景天窗，昂科威自然不会在这方面留给对手反击的机会。

它的后排座椅的靠背角度最大能够调节4°，其最大的倾斜角度非常不错，坐垫也比较长，照顾了大多数人的身形，坐上去感觉非常自在，乘坐的舒适性相当棒。而且当它的后备厢需要空间扩展时，其后排座椅还能向前移动，因而，其空间灵活性非常大。

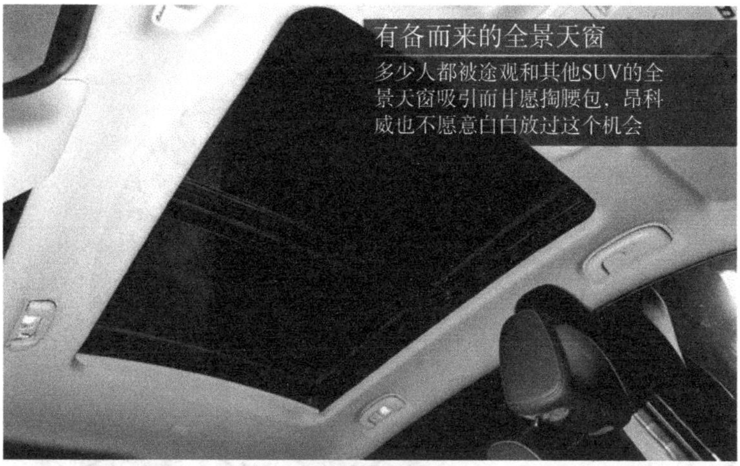

图 3.2.38　昂科威全景天窗

身高 175 cm 的体验者在舒适坐姿下，其头部尚有三指空余，腿部更是还有两拳有余的空间，这样的表现已经非常不错了，能保证乘坐的舒适性，如图 3.2.39 所示。还有它的后排全平底板设计，这让昂科威在空间方面的表现无视一切对手。

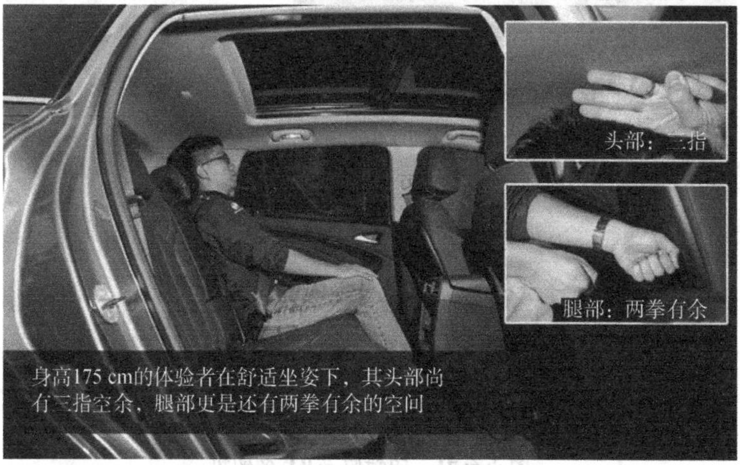

图 3.2.39　昂科威后排座椅

4）性能

当然，并非所有配置的昂科威都装备了 CDC 减振器，如图 3.2.40 所示。低配的昂科威没有标配，也无法选装 CDC 减振器，只有在标价 33.99 万的 28T 四驱全能旗舰型和 34.99 万的 28T 四驱全能运动旗舰型昂科威上，CDC 才是标准配置，而这个价格同样也可以买到装备 2.0T 发动机的汉兰达以及锐界的顶配车型，或是装备 V6 发动机的汉兰达入门级车型。

其 2.0T 发动机的来头不小，别克直接将叫嚣 3 系的 ATS 身上那台大名鼎鼎的发动机拿了过来，省去了需要亮出一大堆新技术亮点的乏味出场，其战绩就是最好的数据，如图 3.2.41 所示。不过，昂科威在动力的调校上有所变化，也加入了起停功能，以免每次拖家带口出门时都要提防这头猛兽一样的车。它的最大马力为 260 ps，最大扭矩为 353 N · m，这样的数据在城市 SUV 当中已经算是凶残至极了。

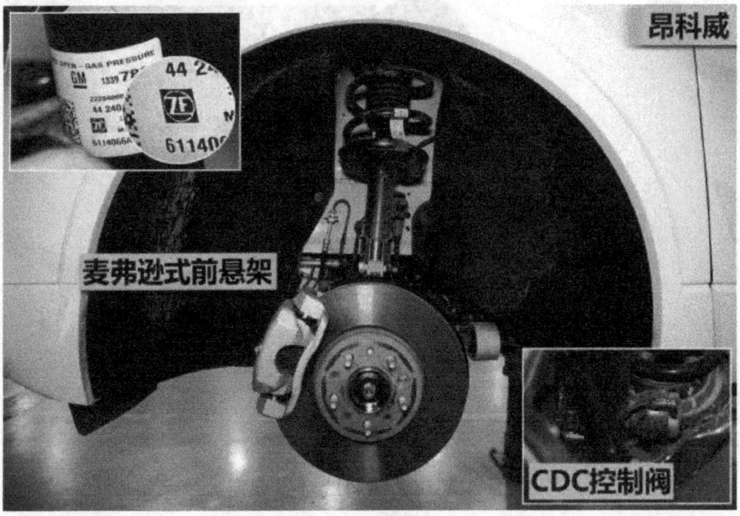

图 3.2.40　减振器

图 3.2.41　昂科威 2.0T 发动机

6 速带起停功能的变速箱是其动力成绩表上的一大亮点，这款新的变速箱一改以往的惰性，传动更高效，换挡更平顺，并针对油耗做出了优化，如图 3.2.42 所示。但是没有换挡拨片的设计又让它看起来不那么运动。

变速箱不再是它明显的短板，这在跑山路时尤其能够体现出来，它变得更加“聪明”，对于驾驶员的意图理解得也更加仔细，它善解人意地保持在高转速，只为多传递一份畅快，一不小心，昂科威的运动味道就变成一剂猛药。但是在高速路段上，其变速箱的升挡还是非常积极的，且换挡动作轻柔干净，在衔接方面也很不错。

它的方向力度适中，转向有些偏越野的硬朗风格，男士或许会更喜欢这种转向手感。其刹车的力度偏软，这需要一段时间去适应，但也有可能是试装车的个别问题，相信其以后会根据消费者的意见进行调校。

图 3.2.42　6 速带起停功能的变速箱

昂科威的悬挂为前悬麦弗逊和后悬多连杆的组合，其中高配和顶配车型的后悬挂还带有 CDC 主动液力减振器，其悬挂的表现保持了美系车柔软、舒适的风格，在高速巡航时，它对于路面起伏处理得非常细腻，用以慢打快的手法把振动轻柔渐进地传递到车内，但当遇到较大的坑洼路面时，昂科威马上变得不再谦让，主动出击化解冲击。在高强度的越野路段当中，其悬挂的反应还是会显得有些拖沓，舒适性反而稍微差了点，但在城市当中其表现却是恰到好处。

三、奥迪 Q5 车型介绍及推荐

1. 车型概述

奥迪 Q5 是一款动感而又全能的 SUV，它拥有优异的性能和技术优势，配上米其林 Pilot Preceda PP2 高性能运动轮胎，将运动型轿车的车身设计、高效动力和灵敏操控，SUV 的越野安全性能以及旅行车的出色舒适性和灵活多变的内部空间完美地融合在一起，并延续了第三代顶级 SUV 奥迪 Q7 的诸多优势特性。强劲的绿色而高效的发动机、quattro 全时四驱系统以及灵敏的行驶机构，使其无论是在公路行驶还是越野前行都游刃有余。此外，7 速双离合 S－Tronic 变速器和“奥迪驾驶模式选项”等全新技术的应用再次诠释了奥迪“突破科技，启迪未来”的品牌理念。

奥迪 Q5 是以奥迪 A4 的生产平台为基础开发的一款紧凑型 SUV。奥迪 Q5 的时尚外形延续了奥迪 Q7 的设计风格，其招牌式的镀铬“大鬼脸”彰显出时尚与动感的设计风格。它的一体式前大灯，比 A4 车型看起来更活泼。奥迪 Q5 的尾部设计则结合了奥迪 A3 运动版及新 A4 的风格。在内部空间上，奥迪 Q5 比奥迪 Q7 略显单薄，只能容纳 5 个人。奥迪 Q5 还配备了 TorsenAWD 系统，这使它的四轮全驱能够实现 40/60 的动力分配。其相当强大的运动能力从它高耸的悬挂和对应的空气动力套件就能看出来。另外，奥迪 Q5 还配备了高度可调式空气式悬挂与下坡控制系统等高科技电子装备。

2. 六方位介绍

（1）正面，如图 3.2.43 所示。

图 3. 2. 43　奥迪 Q5 正面

首先映入眼帘的是奥迪的四环标志，每个成功的品牌都有一个醒目的 LOGO，奥迪也不例外，它的 LOGO 非常明显，一看就知道是奥迪。奥迪是在 1899 年由四家公司合并而成的，其四环标志意味着团结向上、牢不可破，当然也有招财进宝的意思。驾驶着奥迪，无论开到哪里，都能证明拥有者是一位高贵而又有品味的人。奥迪 Q5 进气格栅的造型采用了奥迪 Q 系列车型最新的设计元素，梯形的进气格栅外沿由镀铬金属材质包裹，配合纵向镀铬饰条尽显大气风范。作为 LED 日间行车灯的创领者，奥迪为 Q5 全新设计了夺目的前大灯，它的 LED 日间行车灯置于氙气灯组之中，在提升行车安全性的同时，它也成为奥迪 Q5 独有的个性标识。

（2）侧面，如图 3. 2. 44 所示。

图 3. 2. 44　奥迪 Q5 侧面

车顶流畅的线条勾勒出犹如 Coupe 轿跑车一般的动感身姿，如图 3. 2. 44 所示。奥迪设计师采用了创新的 wrap – around 尾门设计理念，这成为奥迪 Q5 外观设计上的一大亮点。如果从侧面欣赏奥迪 Q5 的造型会让您有种意外的收获，一条流畅的线条由 A 柱延伸至车尾，勾勒出犹如 Coupe 轿跑车一般的动感风格。设计师们之所以采用这样的设计语言，一方面是为了延续奥迪 Q 系列车型的设计风格，另一方面是为了获得更优秀的风阻系数。而 Q5 舒展的腰线自然延伸至前、后车灯，不仅表现出 quattro 全时四驱系统强大的路面掌控能力，同时也展现了奥迪一贯的高雅气质。作为一款主要用于城市路况的高档中型 SUV，奥迪 Q5 具有不亚于运动型轿车的操控性和高档轿车的舒适性，可以自由地穿梭于城市的车流之中，或在郊外开阔的路面上尽情释放驾驶的激情。Q5 使用了奥迪最新一代中型车的创新底盘结构，它的前轴差速器与离合器交换了位置，从而将前轴向前移动了 154 mm。这种创新方案使得 Q5 具有更为均衡的前、后负载比例，从而提高了车辆在极限驾驶状态下的操控性能。同时，奥迪 Q5 的转向机位置比上一代车型更低，更接近车轮的转向机能使转向力的传导更加直接，提高了车辆的转向精度，使路面信息反馈也更加直接。

（3）侧方 45°，如图 3. 2. 45 所示。

图 3. 2. 45　奥迪 Q5 侧方 45°

它的倒梯形中网设计与 A4 如出一辙，中间的品牌标志及外沿的镀铬装饰都起到了非常好的修饰作用。进气格栅采用大尺寸的矩形网格设计，透过格栅可以清楚地看见内部的水箱散热片，而 Q5 的大尺寸格栅有助于提高水箱的散热效率。它的菱形头灯棱角分明，包含 LED 日间行车灯是最新一代奥迪产品的共同特征，只是 Q5 的头灯形状配合内部线条看起来更加锐利。其氙气大灯的亮度并不算特别高，这一设计可能与我们更多的驾驶时间是在白天有关。它的前大灯清洗装置作为标准配置安装于全系车型上。其侧进气口的样式与进口版本稍有不同，它的进气口稍小并且横幅由单格改为双格。与头灯相对应的侧进气口的形状也见棱见角。雾灯内凹并不明显，外沿也没有镀铬设计，因此给人感觉侧进气部分稍显低调。其前杠下部的四孔透气发动机护甲是比较硬派的细节设计之一，尽管其接近角达到 25°，但出于增加功能方面的考虑，下护板依然还是一个非常实用的设计。

（4）后方，如图 3. 2. 46 所示。

图 3. 2. 46　奥迪 Q5 后方

奥迪 Q5 的车尾设计同样具备不少亮点，它采用了 Q 系列车型中独有的 wrap – around 尾门设计理念，从字面意思理解就是包围式尾门设计。Q5 的尾门确实做到了包围式，不仅尾门上部包含了一部分 C 柱，更且还将整个 LED 尾灯收纳其中。它一气呵成的设计风格使尾部看起来更加美观，同时大范围的开口面积便于车主装卸大件物品。位于后保险杠两侧的辅助尾灯不仅让尾部造型显得更为动感、流畅，而且在尾门开启状态下，还可以起到警示后方车辆的作用，从而提供更高的安全性。

除此之外，奥迪 Q5 还提供极具动感的 S – Line 外观套件和具有强烈越野风格的越野风格套件，从而在已具备的流畅的动感造型的基础上为消费者提供彰显个性的外观选择。

（5）驾驶室，如图 3. 2. 47 所示。

图 3. 2. 47　奥迪 Q5 驾驶室

奥迪 Q5 还配备了多套高尖端技术，使得其驾驶体验魅力无限。作为选配，“奥迪驾驶模式选项”可以控制其各种技术部件的运行方式，只需轻轻按下按钮，驾驶员即可通过该系统选择汽车的三种行驶模式，即舒适模式、自动模式和动态模式。此外，安装了 MMI 系统的车型还能提供个性化的模式供车主自己设置。

“奥迪驾驶模式选项”可以和两款创新装置同时提供，一种是“可控运动悬架系统”，另一种是“奥迪动态转向系统”。后者可以使方向盘的转向比和转向助力随车速做无级变化，使转向在泊车操作时更显轻巧，而在高速行驶时则更显沉稳。在紧急情况下，其转向系统与 ESP 系统能相互配合，只需稍做调整，便能转危为安。

作为一款高性能的 SUV，奥迪 Q5 的配置极为丰富，它的多款高科技模块配件提供了强大的多媒体功能，包括蓝牙电话、DVD 播放器、电视接收器、iPod 接口以及带有 8 个扬声器的来自丹麦的专业顶级音响品牌 Bang & Olufsen 的顶级音响系统。其高端导航系统能以一台高清显示器显示出新版的三维地图。该系统使用的硬盘也可以用来存储 MP3 格式的音乐数据。

奥迪 Q5 2. 81 m 长的轴距在同级别车型中首屈一指，宽敞的乘坐空间能容纳五名乘员。其座椅完全根据人体工程学设计，且可以灵活布局，只要轻轻触动后备厢中的遥控手柄，后排座椅就会自动向前折叠，从而使后备厢的容积从 540 L 增加到 1 560 L，在后备厢底部还配有一个附加的储物空间。它的选配项目包括行李轨道固定装置、分隔网以及保护槽。奥迪 Q5 可谓一个同时能适用于运动、休闲和家庭使用的多面天才。客户可以选择奥迪后座的增强配置，它可使后座纵向滑动 100 mm，从而提供更加宽敞的储物空间。Q5 的标准配置包括多个实用的储物格、饮料或水杯托以及电源插座等，而选配的项目则包括可保温的饮料托以及在副驾驶座位下方设计巧妙的储物装置组合。

顶尖的安全性能装置是奥迪产品必不可少的元素。对于前排的驾乘人员，它在安全带限力器和气囊之间采用了一种新的智能配合工作方式。奥迪 Q5 的车身大部分由高强度和超高强度的钢材构成。这些材料在减少车重的同时，能使车辆具有很高的碰撞安全性、车身刚性和抗振性能，而其车身外观的接缝精度依然是业界的标杆。

（6）发动机舱，如图 3. 2. 48 所示。

图 3. 2. 48　奥迪 Q5 发动机舱

它前机盖的"V"字形设计明确了发动机的位置，好似一个向前的箭头，象征着勇往直前。车如其人，车的品质如同人的品质一样重要，而车的发动机如同人的心脏一样，下面将展示奥迪的核心部分。奥迪 Q5 采用的是 AVS 奥迪可变气门升程系统，它是由 FSI/TFSI 直喷发动机、S－Tronic 双离合变速箱和 quattro 全时四驱系统组成的黄金动力系统，如图 3. 2. 48 所示。

一款性能卓越的 SUV 一定要有强劲而高效的动力系统，奥迪 Q5 在这方面的表现处于同级别车型中的领先水平。它采用全球领先的 TFSI 和 FSI 高效发动机来提供强劲的动力输出，Q5 独有的 7 速 S－Tronic 双离合变速箱和 quattro 全时四驱系统则能将动力高效地传递至每个车轮，为驾驶者提供充满乐趣的驾驶感受。由 TFSI 和 FSI 高效发动机、7 速 S－Tronic 双离合变速箱和 quattro 全时四驱系统组成的黄金动力系统成为其他竞争对手难以企及的完美组合。

这款 2.0 L TFSI 发动机融合了缸内直喷、涡轮增压及奥迪可变气门升程三项先进技术，其最大功率可达 155 kW（211 ps），在 1 500～4 200 r/min 的转速区间内，可持续输出 350 N · m 的最大扭矩，其动力表现可以与同级别 6 缸的车型相媲美。

为了使奥迪 Q5 表现出高效而又富有驾驶乐趣的特性，奥迪特意为在中国销售的 Q5 配备了纵置 7 速 S－Tronic 双离合变速箱。这款在国内同级别车型中独有的变速箱以创新的机械结构融合了手动变速箱的驾驶乐趣和经济性以及自动变速箱的便捷性。S－Tronic 双离合变速箱的核心技术是套轴的双输入轴结构，其外围的输入轴用来控制偶数挡位，而内部的输入轴用来控制奇数挡位，变速箱的前端配备了两套离合器，可分别对两根输入轴进行控制。当某个奇数挡位咬合时，相邻的两个偶数挡位就会处于待命状态，根据驾驶员对油门或刹车踏板的动作，电脑程序可以判断出驾驶员的驾驶意图，并以百分之几秒的速度完成下一个挡位的更换。即使是一名技艺超群的专业赛车手，完成一次换挡动作也至少需要半秒钟，而 S－Tronic 双离合变速箱以其卓越的性能让驾驶员在日常驾驶中便能体验到专业赛道中的激情驾趣。

3. 核心卖点介绍

（1）外观，如图 3. 2. 49 所示。

图 3. 2. 49　奥迪 Q5 外观

奥迪 Q5 以其独有的流线型车身和 0.33 的风阻系数告诉人们，SUV 并非只能是方方正正或棱角鲜明，即便是在一款中型的 SUV 上，也可以实现动感、优雅的流线型设计，如图 3.2.49 所示。

奥迪 Q5 的前进气格栅和车尾造型都采用了奥迪 Q 系列车型的最新设计元素。奥迪家族标志性的一体化进气格栅外沿由镀铬材质包裹，配合纵向镀铬饰条尽显非凡气度。作为 LED 日间行车灯的创领者，奥迪 Q5 的 LED 日间行车灯置于氙气灯组之中，在提升行车安全的同时成为奥迪 Q5 独有的个性标识。

它的车尾则使用了 Q 系列车型独有的包围式尾门设计理念，不仅尾门上部包含一部分 D 柱，更将整个 LED 尾灯收纳其中。其一气呵成的设计风格使尾部更为美观，同时更宽广的开口面积便于车主装卸大件物品。位于后保险杠两侧的辅助尾灯不仅让尾部造型更为动感流畅，而且即使在尾门开启的状态下，也可以继续警示后方车辆，从而提供了更贴心的安全性。

（2）内饰，如图 3.2.50 所示。

图 3.2.50　奥迪 Q5 内饰

与奥迪 Q5 流线型的动感外表形成强烈反差的是其充裕的车内空间。为了更有效地利用车内空间，奥迪 Q5 提供了同级别车型中最为灵活的座椅组合方式。其中，它的前排座椅具备电动座椅位置调节功能，而后排座椅也可以提供四种折叠方式，并能够进行前后 100 mm 的水平位置调节。在后排座椅全部向前放倒后，Q5 的后备厢容积随即从 540 L 增加至 1 560 L，它在同级别车型中具备最出色的装载能力。另外，为了营造更为自然、明亮的车内空间，奥迪 Q5 全系车型均标配可覆盖前、后两排座椅的全景天窗，让驾乘人员尽享自然之美。

（3）动力系统装备。

在高档中型 SUV 市场上，奥迪 Q5 是全球首款搭载 8 速 tiptronic 手动/自动一体式变速器的产品。

这款全球领先的 8 速 tiptronic 变速器是奥迪高效模块技术中的又一杰作，相比传统手动/自动一体式变速器，全新的 8 速 tiptronic 变速器具有无可比拟的高效、节能和环保特性。同时，8 速 tiptronic 变速器大幅降低了在传统自动变速器中常见的换挡冲击感，赋予了奥迪

Q5 极为平顺、舒适的加速过程，并完美地将高效动力传递与舒适驾乘感受融为一体。

这一高科技“利器”之前已配置于全新奥迪 A8L 和新款奥迪 Q7 等奥迪的顶级车型中，此次在国产车型上首次应用，使得奥迪 Q5 开创了高档中型 SUV 的新境界。

此外，为了满足高档中型 SUV 市场进一步细分的产品需求，一汽 - 大众奥迪特别为那些追求纯粹驾驶乐趣的消费者提供了一款“动感型”的产品。该车型装备的 7 速 S - Tronic 双离合变速器，为驾驶者提供了更为畅快的换挡感受。全新的 S - Line 外观套件作为标准配置提供，它在设计上承袭了奥迪运动车型的经典气质，选材上乘且做工精良，它与奥迪 Q5 动感型的强劲迅猛的运动气质搭配得天衣无缝，彰显出极具动感的个性魅力。

舒适高效的 8 速 tiptronic 手动/自动一体式变速器与极具运动天赋的 7 速 S - Tronic 双离合变速器都是奥迪高效模块技术的重要组成部分。在整个高效传动系统中，与之完美匹配的是一台 2.0 TFSI 燃油直喷涡轮增压发动机。

装备 8 速 tiptronic 手动/自动一体式变速器的车型由静止加速到 100 km/h 仅需 7.9 s，百公里综合油耗仅为 9.6 L。而装备 7 速 S - Tronic 双离合变速器的动感型则拥有更出色的中段加速性能，它从 60 km/h 加速至 100 km/h 仅需 4.5 s。

奥迪 Q5 拥有全方位卓越的行驶性能。它的 2.0 L TFSI 燃油直喷涡轮增压发动机通过舒适高效的 8 速 tiptronic 手动/自动一体式变速器或极具运动天赋的 7 速 S - Tronic 双离合变速器，将强大的动力传递至奥迪独步天下的 quattro 全时四驱系统，凸显了奥迪 Q5 强大的公路行驶性能与越野性能。

30 多年前，为了让轿车在冰天雪地的路况中拥有和越野车一样所向披靡的驱动性能，奥迪研发了领先时代的 quattro 全时四驱系统。现今，随着 SUV 的兴起，quattro 技术得到了更为广阔的发展空间，并成为奥迪品牌的重要标志性技术之一。

奥迪全系标配的 quattro 全时四驱系统配合具有强大越野辅助功能的最新一代 ESP 电子稳定程序，令奥迪 Q5 拥有了应对各种复杂路面情况的独门利器，加之其通过性出色的车身结构，奥迪 Q5 可以比同级产品更为自信地化险阻为坦途。

与多数城市 SUV 使用的电子控制中央差速器相比，quattro 全时四驱系统的独到之处在于，以带自锁功能的纯机械式的中央差速器作为系统的核心，从而可以更加可靠、直接、灵敏地将动力有效地传递至每个车轮，以帮助奥迪 Q5 轻松应对各种路况。

奥迪 Q5 配备的 quattro 全时四驱系统在正常情况下可按照 40∶60 的扭矩分配比例将动力不对称地分配给前、后车轮，其更加偏向后轮的扭矩分配使奥迪 Q5 在公路上驾驶时显得活跃且敏捷。

此外，分别作用于前、后车轮的电子差速锁可以通过对失去抓地力的车轮制动以避免动力的流失，即使当三个车轮同时失去抓地力时，quattro 全时四驱系统也能帮助奥迪 Q5 轻松摆脱险境。

奥迪 Q5 的车身设计充分考虑了越野驾驶的需求，其最小离地间隙为 185 mm，它拥有在同级别车中最优秀的接近角（25°）和最佳的涉水深（500 mm），并可通过最大横向越坡角为 17.6°的斜坡。在强大的牵引力驱动下，奥迪 Q5 的最大爬坡角度可达到 31°，表现出了卓越的通过性能。奥迪 Q5 同时还拥有同级别车型中最大的拖车牵引能力，可牵引最大质量为 2.4 t 的拖车。

如果用户觉得奥迪 Q5 表达强悍越野能力的方式过于含蓄，还可以选装一汽 - 大众奥迪提供的越野风格包。这一人性化装备不仅令奥迪 Q5 的外观更富动感，同时还能在通过越野地形时为车身提供全方位的防护，堪称领先设计与实用功能的完美结合。

(4) 高效理念。

难能可贵的是，奥迪 Q5 在具备强悍越野性能的同时还拥有不亚于运动型轿车的操控性和高档轿车的舒适性，它可以自由地穿梭于城市的车流之中，也能在郊外尽情释放驾驶激情。它创新的车身结构配合 Q5 动感型与豪华型配备的“奥迪驾驶模式选项”和“奥迪动态转向系统”，使奥迪 Q5 能够按照驾乘人员的意愿提供丰富多彩的驾驶感受。

“奥迪驾驶模式选项”为驾驶员提供了“多车合一”的丰富驾驶体验。驾驶员仅需按下位于中控台的模式按键，便能在“舒适”“自动”和“动态”三种驾驶模式间自由切换。在第三代 MMI 多媒体交互系统中，“奥迪驾驶模式选项”还可以提供第四种“个性化”的驾驶模式，即驾驶员可以根据自己的驾驶习惯对发动机、变速器、转向系统以及减振器等进行个性化调整，从而可实现数十种性格各异的车辆属性设置。

奥迪 Q5 的驾驶员信息系统（DIS）还特别加入了“高效节能程序”功能。这一功能可以显示车内的辅助设备，例如空调系统、停车采暖装置、后风挡玻璃加热等功能的开闭状态或能耗等级，并提供相应的节能建议，以此帮助驾驶员养成节约能源的合理使用习惯。此外，升级后的驾驶员信息系统还对其显示屏的切换方式进行了人性化的调整，让驾驶员切换页面的动作更加简便。

作为奥迪驾驶模式选项的重要组成部分，奥迪动态转向系统也为奥迪 Q5 的驾驶员提供了丰富的驾驶乐趣和安全保障。与传统的随速助力转向中只改变转向助力的大小不同，奥迪的动态转向系统还能够改变转向机构中的转向比。它配备的最早应用于航天技术的叠加齿轮和集成在转向柱中的电动机可根据车速提供无级可变的转向比调整：当车辆低速行驶时，转动方向盘会得到更大的车轮实际转向角度，使泊车、转弯、调头等动作更加轻松自如；当车辆高速行驶时，转动方向盘会得到更小的车轮实际转向角度。这一系统的应用让操控更加精确而稳定。

在流线型设计的运动气质背后是奥迪 Q5 坚实的骨骼。采用轻质铝合金和超高强度钢材打造而成的车身将轻量化与刚性结构完美地结合在一起。此外，更靠前的前轴位置使得 Q5 具有更为均衡的前、后质量分配，从而提高了车辆在极限状态下的操控性能。同时，Q5 的转向机构的位置更低，更接近车轮，这使转向力的传导更加直接，从而增加了车辆的转向精度，带来了更加直接的路面信息反馈。

奥迪 Q5 采用全新轻质五连杆式前独立悬架和梯形连杆后独立悬架。应用锻造铝质材料制成的前、后悬架为奥迪 Q5 精湛的操控表现做出了明显的贡献。铝质材料的应用明显减小了簧下质量，使 Q5 的操控变得更加直接、灵活。

奥迪 Q5 优化了铝质前副车架与发动机的连接结构，使不同部件之间的力量传递更加直接且明显降低了噪声。其后悬架设计使用了源于更高级别车型的梯形连杆控制束角原理，这种设计不但节省空间，而且能很好地将运动操控和舒适驾乘结合在一起。此外，全新设计的后轴结构能够有效抑制“刹车点头”现象的发生，明显提高行车的舒适性。

(5) 安全装备。

奥迪 Q5 不仅动力十足，而且操控精确、自然，安全性能出众。它配备的最新一代 ESP 电子稳定程序配合奥迪独创的动态转向系统，可提供同级别车型中最为出色的主动安全保护。与主动安全相辅相成，奥迪周到的安全气囊和行业领先的超高强度车身为Q5提供了至高标准的被动安全性能。

奥迪Q5配备了目前最新版本的ESP电子稳定程序。它除了能实时监控每个车轮的转动状态外，ESP电子稳定程序还能与奥迪的动态转向系统紧密配合，提供双重的主动安全保护，即奥迪动态转向系统的主动转向修正和ESP电子稳定程序的主动制动介入。当车辆高速紧急变道时，主动转向修正会立刻发挥作用，并根据不同的情况自动选择最佳转向角度、辅助力、纠正力和转向比，使轮胎能够一直保持足够安全的抓地力，其主动转向修正反应时间仅为主动制动介入反应时间的1/3，其反应甚至比最有经验的职业车手还要迅速。

为达到更强悍的越野性能，奥迪Q5配备的最新ESP电子稳定程序还兼容了实用性极强的越野模式。在越野模式下，ESP电子稳定程序可根据不同的路面情况提供相应的程序参数，通过驱动防滑系统（ASR）和防抱死制动系统（ABS）的介入使奥迪Q5在越野路面中具备更为安全并极富乐趣的驾驶性能。它的下坡辅助系统（Hill Descent Assist）可使车辆在陡坡下降的过程中，根据路面情况、陡坡角度等参数在9~30 km/h可变车速范围内以预定的速度稳定行驶。驾驶员只需轻触中控台的按键便能轻松应对不同角度的险坡。

最新一代ESP电子稳定程序还具备行李架质量监测功能和拖车稳定功能。当行李架装载物品后，传感器可自动感应行李的质量，并将数据传输给ECU，从而实现对ESP工作参数的修改。为了保证在牵引拖车过程中行驶的稳定性，最新一代ESP电子稳定程序提供了拖车稳定系统。这两项独有的主动安全技术明显提升了SUV车型在高负载状态下的行驶稳定性，使奥迪Q5在发挥多用途功能的同时，还能具备更高的主动安全性能。

此外，奥迪Q5的舒适型、动感型和豪华型还配备了奥迪侧向辅助系统（Audi Side Assist）。位于后保险杠上的两个雷达传感器可以扫描Q5身后和侧面的后视镜盲区，并将所得信号进行计算分析。若另一辆车从其侧身后方快速接近，则位于外后视镜框架上的发光二极管显示器便会通过闪烁提示驾驶员车辆存在潜在的安全隐患，从而提高主动行车安全。

（6）人性化设计。

在豪华配置方面，奥迪Q5同样表现出色。奥迪Q5舒适型、动感型和豪华型配备了经过全面升级的第三代MMI多媒体交互系统。第三代MMI多媒体交互系统的控制终端位于换挡杆后方，其功能按键的设计十分人性化，贴合手指形状的按键可提供细腻的触感。在控制终端的中央旋钮上方新增了可进行8方向调节的操纵杆，该操纵杆可以控制导航和DVD功能，从而精准地完成每一个命令的输入。

它的车载硬盘导航系统可提供二维和三维导航，7英寸液晶显示屏即使在不理想的光线条件下仍能呈现清晰的高质量画面。世界顶级的B&O高级音响系统可以演奏出宛如歌剧院现场般的完美音质，能完全满足高端消费者对音质的苛刻要求。

奥迪的多功能真皮方向盘集成了音响系统控制等多种功能，在高配车型上还集成了MMI控制与车载电话控制功能，使得驾驶更轻松，同时还提高了行车的安全性。奥迪的音乐接口AMI以智能的方式实现了奥迪Q5与iPod系列产品的完美兼容。在与iPod连接后，奥迪Q5的多媒体交互系统（MMI）显示屏将显示该iPod的主菜单结构、播放列表、专辑和演唱者等信息，用户可通过MMI控制面板的中央旋钮以及多功能方向盘的控制键轻松地完成播放选择。另外，奥迪的音乐接口AMI还可以在连接iPod时为其充电。

它的豪华舒适型自动空调可提供三温区调节，不同座位的乘员可根据自己的偏好选择适宜的温度。豪华型还提供带加热和通风功能的前排空调座椅，另外，在中央扶手箱前方的位置还提供具有加热和制冷功能的杯架。

任务 3.3　80 万以上中大型（C 级）高级车型的选购

一、大切诺基车型介绍及推荐

1. 车型概述

作为克莱斯勒公司的一款经典车型，Jeep 大切诺基（Grand Cherokee）传承了 Jeep 品牌的纯正血统，其经典的外观造型、出众的越野能力、极佳的公路操控表现以及完备的安全保障，重新定义了豪华四轮五座全尺寸大型越野车，并开创了高端越野车市场的先河。2007 年 4 月，各方面都进行了重大改进和升级的全新 Jeep 大切诺基登陆中国，它凭借出众的越野能力和突出的公路操控表现赢得了广泛赞誉。

在第二次世界大战末期，美国军方采取公开招标的方式请汽车厂商设计一款多用途的小型军用车，在此次招标中，Willys - Overland 公司的设计得到采用（Jeep Wrangler 前身），但该设计由数家厂商一起生产。1953 年，Willys - Overland 公司被 H. J. Kaiser 买下，车名也变更为 Kaiser Jeep。Kaiser Jeep 在 20 世纪 70 年代被 AMC 汽车公司并购，1971 年，AMC 公司将 Jeep 旗下的 General Products Division of Jeep 改为 AM General 公司，专门用于制造军用车，并于后来推出军用悍马车。

由于当时法国国营的雷诺汽车有意投资 AMC 汽车，而美国政府又不希望国防合约落入外国厂商手中，所以 AM General 公司于 1983 年被 AMC 汽车卖出，成为独立的公司。

Jeep 是第二次世界大战时期的著名产品，后来推出了民用版 CJ 吉普，1987 年，其新车型改名为 Wrangler，1997 年又推出了改良版，恢复了传统的圆形车头灯，虽然在外型上修改不多，但其风阻系数却从 0. 63 降到了 0. 55，其底盘悬挂系统也用液压弹簧（Quadra - Coil）取代了叶片弹簧等。2007 年版的经大幅修改的 Wrangler 的风阻系数更降到了 0. 49，它在机械上配备了许多电子控制装置，包括特殊的前悬吊电子控制防滚杆，它在车轮需要更多上、下活动行程时可切断防滚杆与两个前轮的连接。

1984 年，Jeep 推出了带有轿车与越野车特性的 Cherokee 车型，极受市场欢迎。20 世纪 80 年代，Jeep 成为 AMC 汽车唯一赢利的品牌。1987 年，克莱斯勒公司并购了 AMC 汽车，将 AMC 轿车改为 Eagle 品牌，而 Jeep 品牌则维持原貌。20 世纪 80 年代，Jeep Cherokee 掀起了美国的运动休旅车（SUV）流行风潮，许多厂商纷纷推出了运动休旅车，其中包含保时捷等过去从未生产过 SUV 车型的厂商。而大切诺基是为了阻击福特的探索者而推向市场的全新车型。

2. 六方位介绍

（1）正面，如图 3. 3. 1 所示。

在外观方面，大切诺基保留了其经典的七孔进气前格栅，并采用了精致的镀铬工艺，其方形的氙气前大灯造型动感且与前格栅形成整体的视觉效果，在传递 Jeep 品牌风格的同时也展现出美式 SUV 的豪华与阳刚。其经典的梯形轮眉属于 Jeep 的经典造型，显示了大切诺基的纯正血统，流畅的车身腰线刻意突出，并与倾斜的 D 柱和精致的镀铬装饰条共同展现

图 3.3.1　大切诺基正面

出 Jeep 的动感和豪迈。加上作为标准配备的车顶纵置行李架，使全新大切诺基显得更雄壮、威武。值得关注的是其保险杠下方的黑色探头，这是其自身标配的 ACC 自适应巡航功能系统，该功能在定速巡航的功能上进行了升级，通过这个黑色的传感器可以探测本车与前车的距离，当本车与前车的距离过小时，车辆可自动降速以保持车距，这一设计让大切诺基显得科技感十足。

（2）侧面，如图 3.3.2 所示。

图 3.3.2　大切诺基侧面

大切诺基的整车长 4 822 mm、宽 2 154 mm（含后视镜）、高 1 781 mm，最高离地间隙可达 270 mm。它的后视镜具备电动调节、折叠、电加、带记忆、防炫目等功能，从而提高了行车的安全性。本款大切诺基配备了 265/55 R20 的宽大轮胎，其更宽的胎面可以获得更好的操控性和安全性。其运动型的轮毂造型动感、美观、豪华，更配备了前后通风盘式制动器为驾乘人员的安全保驾护航。大切诺基具备集成底盘升降功能，该功能分为4级，可调节车身底盘的高度，在提供优异的公路行驶性能以及顶级的传奇越野能力的同时，还能提供5种路况选择模式以适应各种行驶路况，并可同时自动协调动力系统、制动系统和悬挂系统的部件，以便在所有路况下均能达到最佳的驾驶体验。大切诺基将越野车发动机的爆发力和高级轿车发动机的稳定性完美地统一在一起，强大的扭矩输出、全时四轮驱动、高通过性的悬挂装置以及最大的接近角和离去角使其可以征服各种艰难的路面情况。

（3）侧方45°，如图3.3.3所示。

图3.3.3　大切诺基侧方45°

全新Jeep大切诺基采用了全新的设计语言，其上一代车型棱角分明的线条已经被全新的造型和更柔和的边角所取代。这种变化可以说是激进的，既保留了老大切诺基的硬朗精神，又作了一些更具现代感和活力的革新，对于年轻人来说，这样的新大切诺基更具魅力。当然Jeep最为经典的元素还是不可缺少的，其七孔进气前格栅，从第一代Jeep诞生起就不曾改变过；棱角刚毅的梯形轮眉，专为越野时可能发生的轮胎变形而设计；内圆外方的双氙气前大灯顺延至两侧，展现出一种Jeep特有的硬汉气质。在新大切诺基的车身上Jeep运用了很多镀铬装饰，它的新型全方位镀铬装饰条位于前、后车窗和前风挡玻璃周围，这些细微的变化会对车辆的整体外观产生重要的提升效果。

（4）后方，如图3.3.4所示。

在汽车后侧，全新的电动尾门扰流器进一步增加了大切诺基在高速行驶时的车身下压力。它的矩形红色尾灯在保证安全的同时也显得很时尚。它的前6后4共计10颗探头，外加后视倒车系统可以在倒车时保障安全，其智能电动开闭尾门十分厚重，但由于有液压装置，所以在掀起时毫不费力，同时，我们还可以通过手中的车钥匙及车内后视镜上的开关操

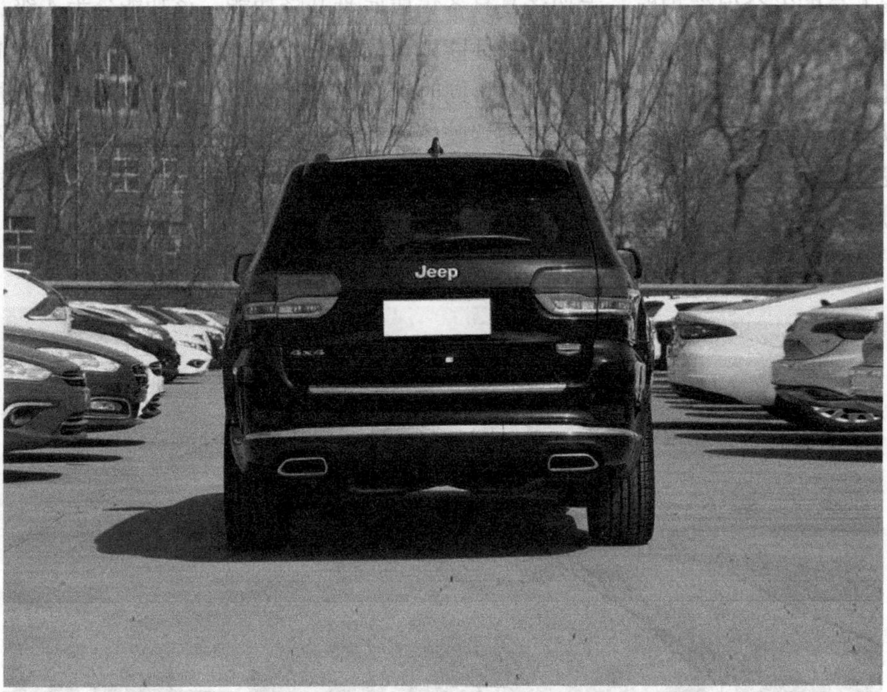

图 3.3.4　大切诺基后方

控尾门的开关。尾门车窗可以单独开启，方便取放小件物品，设计得很是贴心。大切诺基的后排座椅可以 4/6 分割，放倒后的空间也极为平整，它的行李空间也可在 782 ~ 1 554 L 自由切换，底板上的镀铬饰条也是一处贴心的设计，放置大件行李时，可以平推行李以免划伤绒面，同时，底板上还设有固定网用来固定易滚动的小件物品，这些细节充分体现了 Jeep 人性化的一面。

（5）驾驶室，如图 3.3.5 所示。

图 3.3.5　大切诺基驾驶室

其驾驶室内颠覆性的内饰设计展现出前所未有的精致感，大面积的软材质包裹在提升车辆档次的同时，也让车辆拥有了更好的被动安全保护，全车的多级式安全气囊多达7个，加上前排的主动式安全头枕，在意外发生时可以充分保护驾乘人员的安全。其真皮座椅具有12方向的电动调节功能，使得它能适合各种身材的驾驶员，并配备了电加热功能，图3.3.5所示的3.6旗舰版车型更加入了座椅通风功能，并有两挡风量调节，可以在炎炎夏日送上一份清凉。它的家族式三幅式多功能真皮方向盘十分粗壮，可提供一流的抓握手感，桃木方向盘提升了车辆档次，360°加热功能令人在严冬驾车时倍感舒适，方向盘的大小适中并集成了多个控制键，让人在双手把握方向盘的同时还可以操作收音机调频、音乐以及巡航控制等功能，实现目不离路的驾驶。6.5英寸的GPS触摸导航系统，集成了倒车影像和蓝牙功能，并具备DVD娱乐播放功能。大切诺基全车的刚性较上一代提升了146%，达到了同级别车型中的最好水平，并装备了同级别车型中最丰富的安全配置系统，其中包含防抱死制动系统、辅助制动系统、牵引力控制系统、上坡起步辅助系统、陡坡缓降系统、车身稳定系统，还有同级别车型中罕见的电子防翻滚控制系统等多达30多项安全防护，这些配置将在动、静间为驾乘者带来全方位的安全保护。

（6）发动机舱，如图3.3.6所示。

图3.3.6　大切诺基发动机舱

在动力系统方面，大切诺基按排量分为6.4 L、5.7 L和3.6 L三个型号。5.7 L排量的车型配备了V8发动机，针对大排量、高扭矩的特点，它在5速自动变速箱上设定了2个超速挡；3.6 L排量的车型配备了V6发动机，其5速自动变速箱拥有更细密的传动比，并允许驾驶员手动控制行驶挡位。它的动态操纵系统（DHS）是克莱斯勒集团首次应用的一套液压控制主动稳定系统，该系统能显著减少车身的左右振荡，从而增强驾驶员的驾驶信心并能让其有得心应手的感觉。电子稳定程序（ESP）也是第一次应用在大切诺基上，它通过遍及车身的传感器调整刹车力度和节气门开度，以稳定汽车的行进方向。

3. 核心卖点介绍

1）内饰

大切诺基的内饰无论是在质感方面还是配置方面都给人一种豪华、大气的感觉，这也是不少美系豪华车型在设计上的典型特色。其中控台和车门内衬基本上都采用软质材料制造或直接使用皮革包裹，它延续了旧款车型的设计风格，造型比较规整，如图 3.3.7 所示。

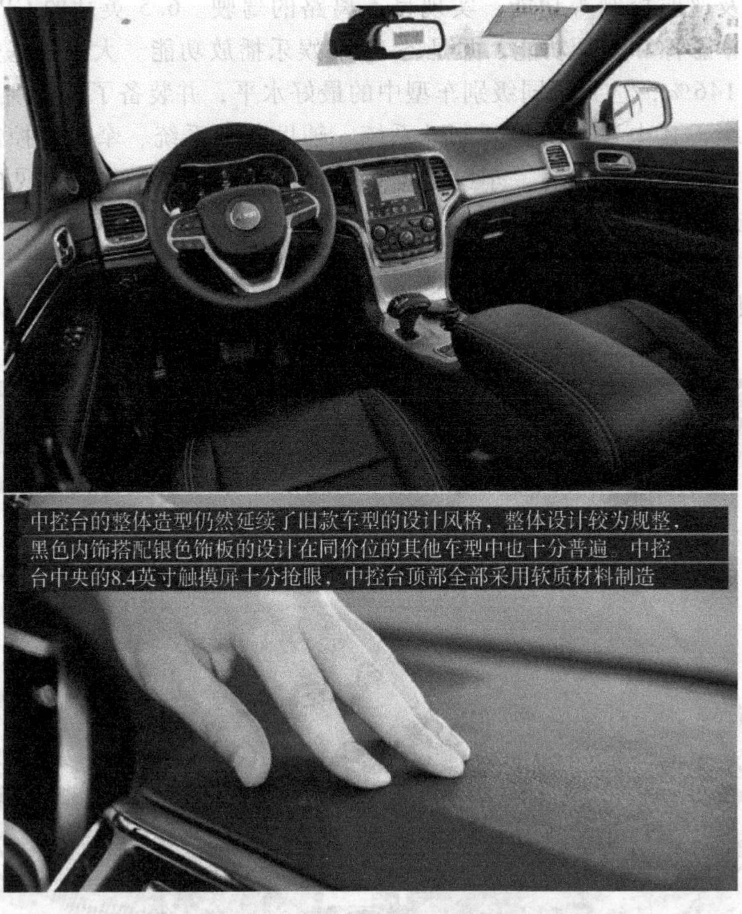

图 3.3.7　大切诺基中控台及皮质

中控台顶端的 8.4 英寸 Uconnect 多媒体系统为全系标配，它除了具备导航、多媒体播放、蓝牙电话等基本功能之外，还能对空调等系统进行控制，科技感十足。不过，包括座椅加热功能在内的许多配置只能通过触摸屏幕上的按钮才能使用，操作起来略微显得有些烦琐，如图 3.3.8 所示。

2）内饰空间

身高 180 cm 的体验者进入前排，并将座椅调到最低位置后，头部空间为 1 拳，这样的空间对于一款美式中大型 SUV 来说属于正常水平，如图 3.3.9 所示。当体验者进入后排时，

图 3.3.8　8.4 英寸 Uconnect 多媒体系统

头部和腿部空间分别为 4 指和超过 2 拳，可见，其空间相当宽敞，如图 3.3.10 所示。此外，其后排座椅的靠背角度还具有 10°左右的调节范围，如图 3.3.11 所示。

身高180cm的体验者进入前排，并将座椅调到最低位置后，头部空间为1拳，对于这样一款身形庞大的美式中大型SUV来说，这样的表现属于正常水平

图 3.3.9　大切诺基的前排空间

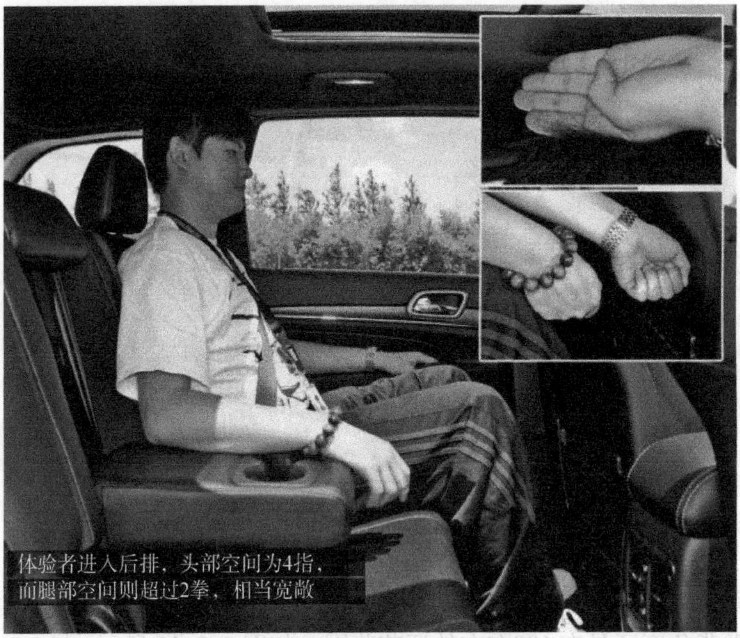
体验者进入后排，头部空间为4指，
而腿部空间则超过2拳，相当宽敞

图 3.3.10　大切诺基的后排空间

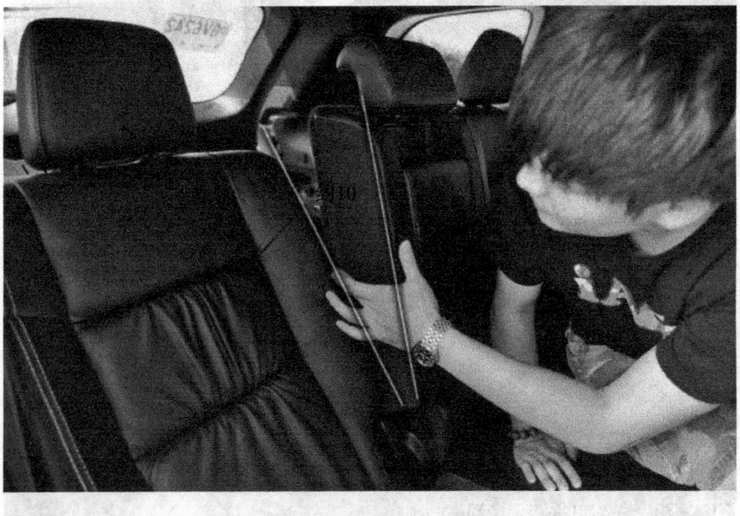

图 3.3.11　大切诺基后排座椅靠背的调节角度

3）动力性

既然它的外观和配置与入门级车型是一样的，那么我们还是将重点放在它的发动机上。柴油大切诺基搭载的是一台排量为 3.0 L 的柴油发动机，如图 3.3.12 所示。这台发动机的最大输出功率为 243 ps（179 kW），最大扭矩可达到 570 N · m，比大切诺基 5.7 L 发动机的扭矩还要高出 50 N · m。看到这样的数值，让我对它的实际表现充满了兴趣。

与这台发动机搭配的依旧还是那台来自采埃孚（ZF）的 8 速手自一体变速箱，其电子挡杆的使用带来了更高的科技感，且挡杆的造型非常精致，如图 3.3.13 所示。

图 3.3.12　3.0 L 柴油发动机

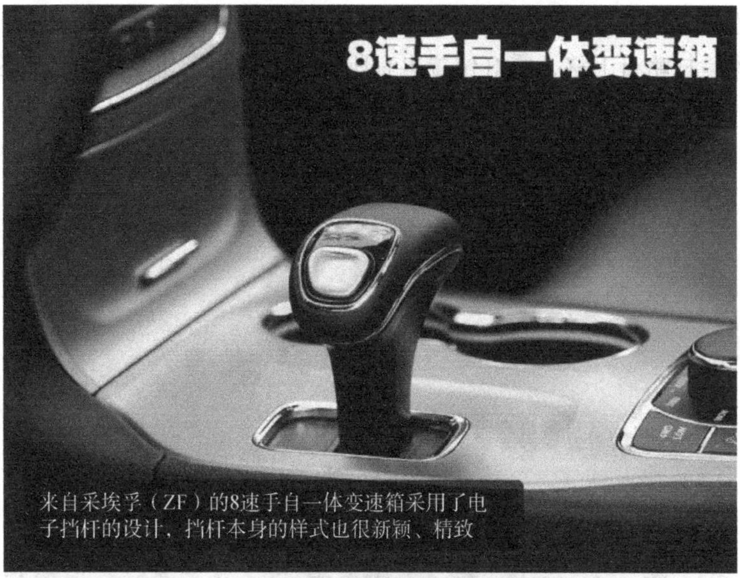

图 3.3.13　大切诺基 8 速手自一体变速箱

4）外观

新大切诺基在外观上的改变悄然引入了 Jeep 全新的设计理念，它是目前 Jeep 旗下设计最为激进的一款车型了。Jeep 那种粗犷、复古的风格也许会被更具现代感和未来感的元素取代或者融合。总之，新大切诺基变得更“城市化”了，开到任何地方都不会觉得它是个异类或者不上档次。

美国人很擅长这种未来感强的设计，因此，在通用、福特的车型中都能够挑出几款这样的车。如今 Jeep 也来了，其实我们并不希望牧马人也变成这种风格，但对比老款大切诺基，新大切诺基的所有改变都显得太有必要了。大切诺基就该是这样一款车型，时尚、豪华而硬朗，如图 3. 3. 14 所示。

图 3. 3. 14　新大切诺基外观

经过全新设计的前脸依然保持了极高的辨识度，上方进气格栅的高度有所缩短，前照灯也更加纤细，保险杠略有上移，雾灯位置也有所提升，这些变化令大切诺基的前脸更具动感和未来感，同时还保证了最大离地间隙，如图 3. 3. 15 所示。

图 3. 3. 15　新大切诺基前脸

新大切诺基一方面保留了 Jeep 经典的七孔格栅，时尚中带有复古的味道；另一方面，它植入了一组 LED 日间行车灯，这让其科技感可以媲美奥迪了，如图 3. 3. 16 所示。

它的尾部与老款那种死板的风格有很大区别，像前脸一样，其尾部也在保留大切诺基风格的前提下将细节全部重新设计，不再依赖镀铬装饰，而更通透、柔和的尾灯与更精致的 LOGO 极大地提升了尾部的豪华感，如图 3. 3. 17 所示。

依然偏爱镀铬装饰，但细节处理得更精致了。
经典的七孔格栅与科幻的大灯像是“穿越”
了一样，也许会引领Jeep未来的设计趋势
Jeep
进口全新大切诺基

图 3.3.16　七孔格栅

两个尾灯之间取消了镀铬装饰，独立的LOGO
提升了尾部的视觉效果，尾灯看起来不那么霸
气了，但更漂亮了，也比较贴近城市风格
Jeep
进口全新大切诺基

图 3.3.17　新大切诺基尾部设计

二、途锐车型介绍及推荐

1. 车型概述

途锐（Touareg）是德国大众生产的 SUV，它集越野、豪华和运动的超群表现于一身，全新的设计理念将征服的激情、惬意的豪华、澎湃的动力和轻捷灵敏的操控融为一体。

途锐这个名字来源于非洲的一个部落，这个部落生活在干旱、多沙尘暴，环境极其恶劣的条件下，却有着顽强的生命力。以此来命名，赋予了途锐这款车更多的生命力。途锐诞生于 2002 年，并凭借它运动化的外形设计、豪华舒适的内饰、出色的操控性和顶级的越野能力备受全世界消费者的喜爱。

虽然途锐是一款不折不扣的豪华型 SUV，但却不像一般的豪华 SUV 那样过度偏向都市

的奢华路线。从它的机能配置上可以看到，它不仅在柏油公路上的表现十分了得，而且越野能力也非比寻常。

另一项让途锐与众不同的是，它的外型十分内敛，但却抹煞不了浑身都是肌肉的事实，其车身各部分的比例均衡，不论是腰线高度、车窗面积还是尾箱尺寸，都显得秾纤合度，且整体感觉扎实、平稳和值得信赖。

开着途锐闯荡越野地形，在明知道没有危险的情况下，其实会感觉有点无聊，因为车很平稳、很轻松地就能越过枕木、巨石、陡坡、斜坡、水塘、A 形坡及断桥。不过，危不危险、平不平稳还和驾驶员有很大的关系，如果是身经百战、经验丰富的越野好手来驾驶，那你就可以在车上放心地睡上一觉。

回到途锐的越野性能上，我们只能用“卓越”这两个字来形容它在这方面的表现。它采用了前、后双 A 臂悬挂，所以四轮都能保持最大的接地面积；它还采用了电子控制气压避震器，所以即使是在高低落差非常大的地形中行驶，其悬挂也能视个别轮胎的情况自动调整行程，因此，它的离地高度可在 160 ~ 300 mm 变换；它设有前、中、后三个差速器，必要时可将动力全部传往前轴或后轴，保证没有任何一个车轮会在离开地表后仍然转个不停；它甚至能够爬上 45°的陡坡，并涉水 58 cm 深，即使行驶在侧倾 32°的斜坡上也无须担心翻覆，连用双脚走下去都显得很危险的 42°陡坡，它也能不徐不疾地轻松通过。

2. 六方位介绍

（1）正面，如图 3. 3. 18 所示。

图 3. 3. 18　途锐正面

它扁平的格栅和犀利的多边形大灯与发动机盖板上凸起的两条棱线融为一体，使得车头造型更显饱满与厚实。途锐采用了犀利的多边形前大灯造型，它刚劲的直线条将灯罩分割成多个棱面，宛如两个晶莹剔透的宝石散发出耀眼的光芒，由 15 个高亮度灯组成的日间行车灯组采用了 U 形排列，显得动感十足。

（2）侧面，如图 3. 3. 19 所示。

图 3.3.19　途锐侧面

新途锐的车身在侧门处略微变窄，光线聚集在此凹面上，使得车身表面散发出诱人的魅力，如图 3.3.19 所示。这一点与其轮毂上部前翼子板和后侧部恰到好处的边角形成了鲜明的对比。该边角娴熟巧妙地将车身侧面再次进行了划分。而车窗则凸显了加长的车身长度，特别是第三侧窗与后轮毂上部略微倾斜的车尾遥相呼应。光与线的相互交融与强劲的轮拱形成了鲜明对比。新途锐标准装配了车顶行李架，在必要时，能为车主扩展出高达 100 kg 的装载能力，越野装备对于新途锐来说都不是问题，它也能满足高端客户对其装载能力的更高要求。同时，车顶行李架也对整车的侧面造型起到了良好的修饰作用，令车身侧面看起来更加饱满流畅。新途锐的外后视镜采用了流线型设计，不仅造型美观，还可以有效降低车辆在高速行驶时由于后视镜产生的风噪，令车内更安静、更舒适。集成于外后视镜上的 LED 转向灯，能在转向时提供良好的警示作用，确保行车安全，其电动调节和电动折叠功能有效地提升了其日常使用的便利性，电加热功能确保雨天行车时能保持清晰的后方视线，驾驶员侧的后视镜还具备防炫目功能，夜间行车时，可防止由于后方车辆开远光灯而产生的炫目光线，给行车安全提供了更好的保障。既然是越野车，那么必须有一套强悍的四驱系统。与途锐匹配的是大众最先进的 4MOTION 全时四驱系统，该系统采用了托森中央差速器和前后差速器，可达到 35°的爬坡能力，正常行驶时，其驱动力按照前后 40∶60 的比例进行分配，以获得更好的公路行驶性能，同时相比上一代车型，其油耗显著降低。有好的动力系统就要有好的轮毂和轮胎，新途锐提供 5 种不同的轮毂和轮胎组合，即从 17 英寸到 20 英寸的铝合金轮毂，它不但造型美观，而且具有良好的散热性，这也使得新途锐成为真正的全地形 SUV。与大多数越野车不同的是，新途锐配备了空气悬挂系统。新途锐的空气悬挂系统具备舒适、标准和运动三种减振模式，驾驶者可以通过旋钮自行选择，这使得新途锐无论在何种路况下行驶都能保证最佳的舒适性和操控性。驾驶者也可以通过旋钮自行选择所需的底盘高度，途锐的底盘高度选择旋钮可设置装载高度、正常高度、越野高度和特殊越野高度 4 种高度模式，以满足在不同路况行驶时对通过性的不同要求。对于日常用车来说，有时候也免不了装载一些大件物品，新途锐还在后备厢设置了车尾高度调节按钮，驾乘人员可以在装载大件物品时通过此按钮来降低车尾的高度，以方便存取大件物品。

（3）侧方45°，如图3.3.20所示。

图3.3.20　途锐侧方45°

它的双氙气大灯具有远、近光照明系统和AFS随动转向功能，而前大灯清洗系统则可确保途锐在恶劣天气行驶时始终能保持充足的照明。经调查发现，大多数事故都是因为驾驶员未能及时注意到其他车辆而引起的。途锐装备了LED日间行车灯，这一装备由15颗高亮度的呈U形排列的LED灯组成，从而有效地提升了日间行车的安全性。

（4）后方，如图3.3.21所示。

图3.3.21　途锐后方

新途锐的尾部设计充满了 SUV 特有的力量感，其立体化的尾门设计使得整个尾部造型强劲而又不失动感。它独特的镀铬方形排气管与后保险杠完美地融为一体，体现出新途锐的创新与活力。全新的 L 形尾灯充满时尚元素，同时新颖的造型也令其尾部的视觉效果更显美观与活泼，并能增加尾部的辨识度。对于豪华版途锐车型来说，它还装备了更安全和更方便的电动尾门，驾驶者需要做的仅仅是按动控制钮，尾门从开启到锁闭的过程都是自动完成的，并具备防夹伤功能，从而给驾乘人员带来更安全的保证。途锐的后备厢空间很大，足可以放下日常所需的物品，它的后备厢也非常灵活多变，可以通过放倒第二排座椅来拓展更大的空间。

（5）驾驶室，如图 3. 3. 22 所示。

图 3. 3. 22　途锐驾驶室

为了实现内饰设计和谐且具有良好的触感这一目标，途锐为其所有的控制键均界定了最优尺寸。途锐的内饰风格传递出更多的豪华性，精致的胡桃木内饰和铝制内饰搭配相得益彰，再加上细腻的 Vienna 真皮座椅，使得整体风格更豪华、精致且具有时尚动感，另外，它还提供 5 种不同的内饰颜色供客户选择。功能强大的 RNS850 使操作更流畅，且具备更好的视觉效果；它的前排座椅具有更好的舒适性和包裹性；途锐配备了全景天窗，面积为 1 452 mm × 990 mm 的天窗面积几乎可以覆盖整个车顶，为车内乘员提供了极佳的采光效果，使得车内乘员拥有更加舒适的乘坐环境。途锐配备了新型的三幅式方向盘，并通过真皮和铝合金搭配出绝佳的视觉效果，其宽厚的方向盘还提供了极度舒适的抓握性能，从而为驾驶员提供了更舒适的驾驶感受。分布于方向盘上的快捷键，几乎覆盖了操控车辆所常用的所有操作功能，令驾驶员能在“目不离路”的情况下方便、安全地进行操作。它采用了大众的新型仪表盘，四环式的仪表盘具备典型的大众风格，能为驾驶员提供清晰、直观的车辆状态信息。途锐标准装配了 8 声道的音响系统，配合 RNS850 强大的多媒体系统，可以为乘员提供高品质的音乐享受。

（6）发动机舱，如图 3. 3. 23 所示。

这款车采用的是 3. 0 TSI 汽油缸内直喷发动机，其最大功率为 213 kW，最大扭矩为 420 N · m。百公里加速只需 7. 1 s。该款发动机采用了机械增压 + 缸内直喷的技术组合，实

图 3.3.23　途锐发动机舱

现了动力输出和油耗的完美平衡。机械增压技术是通过发动机自身的转动带动涡轮为发动机提供额外的空气，从而改善发动机的燃烧效率，并提升发动机动力的技术。途锐搭载了 Tiptronic 8 速手自一体变速箱，这使它拥有更平顺的换挡感受和更好的燃油经济性。

3. 核心卖点介绍

1）内饰

途锐的内饰风格相当简洁，它没有使用层叠式仪表台和大量的镀铬装饰来刻意装点自己，如图 3.3.24 所示。实木装饰板和仿铝合金装饰条是这个级别的车型必备的装备，用以迎合高端消费者的审美情趣。如果购买者不太喜欢实木，大众还为其提供了黑色装饰板以强调年轻、干练的性格。在用料方面，它的中控台的软质材料手感不错，做工也都严丝合缝，但总体视觉感受与它百万的身价并不协调。

途锐的内饰设计属于简洁、年轻的风格，不过为了迎合高端消费者的审美情趣，天然皮革、木质面板以及仿铝合金装饰条必不可少，整体感觉比较清新，没有过度夸张和做作的成分

图 3.3.24　途锐内饰

在理论上，运动和豪华是两个相背离的设计方向，就像途锐的方向盘，一边在用简洁、易控的三幅式格局来凸显运动，一边又在用桃木和真皮来彰显豪华，如图 3. 3. 25 所示。但设计师很好地将两者的优点融为一体，其充实的手感和柔软真皮的摩擦力都表现得令人满意，只可惜它的造型过于单调，看上去和十几万元的高尔夫没什么差别。

图 3. 3. 25　途锐三幅式方向盘

其立体式的仪表盘固然好看，但灰尘很容易落在几个表盘的接缝处，中央的彩色液晶显示屏也比较娇贵，整体清洁起来比较烦琐，如图 3. 3. 26 所示。转速表和时速表会在接通电

图 3. 3. 26　途锐仪表盘

源时起动自检模式，其表针打到底再返回的瞬间，会让驾驶员涌出一股想要驾驭的强烈冲动。

其中控台前端的金属网状开口很容易被误认为是中置扬声器，但实际上，它是空调间接通风口，间接的意思就是吹出的风非常缓和，即使把手放上去也很难察觉到，如图 3. 3. 27 所示。其顶部还设有一个储物空间，放入一部手机毫无问题，这应该算是大众的传统设计了。可惜的是，此处手套箱的黑色绒衬依然掉毛，令人不爽。

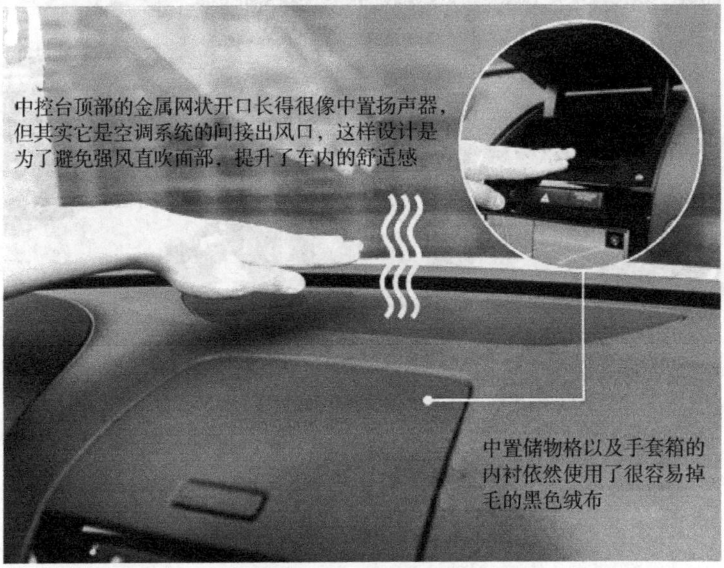

图 3. 3. 27　空调间接通风口

在多媒体系统方面，新途锐配备的是大众的 RNS850 系统，这套系统首先采用了 8 英寸的大屏幕触摸式液晶显示屏，并且带有 3D 中文地图，这点可以说大大地方便了中国的消费者，如图 3. 3. 28 所示。另外，其内置硬盘容量达到 60 GB，可以存放相当多的歌曲文件，除此之外，像 MP3、iPod 等电子设备也能直接与之兼容，它们对应的接口都在手套箱里。

图 3. 3. 28　大众 RNS850 系统

新途锐带有倒车影像功能，区别是在低配车型中只有后部一个摄像头，而在高配车型中一共有 4 个摄像头，可以实现全景观察，这让驾驶者无论是在停车还是在通过一些比较窄的路况时，都能随时观察车身周围的情况，如图 3. 3. 29 所示。

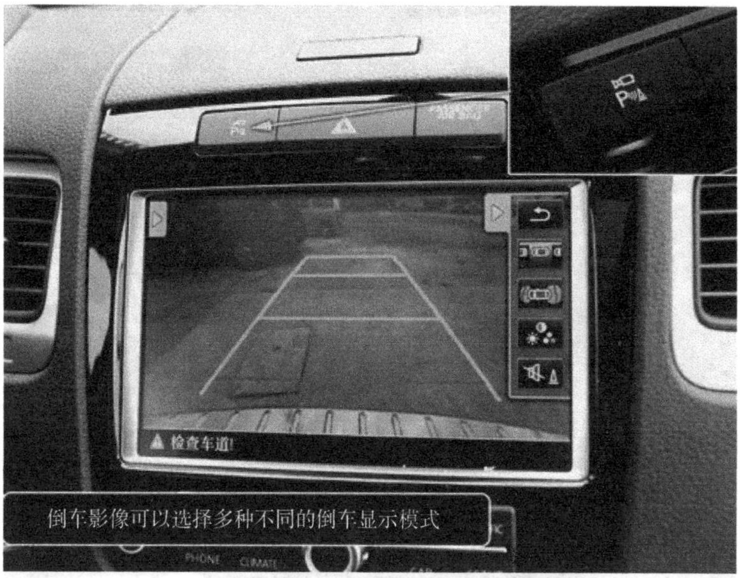

图 3. 3. 29　倒车影像功能

新途锐全系都是标配了 4MOTION 全时四驱系统的车型，换挡杆下面左侧的圆形按钮是可以选择对应行驶路况的调节旋钮，当驾驶者需要在越野道路上行驶时，将此旋钮调整到 OFF ROAD 模式，此时陡坡缓降功能将会自动开启，在下坡时不需要踩刹车，缓降功能会自动控制车速，如图 3. 3. 30 所示。当然，我们并不能完全依赖电子系统，毕竟在一些比较缓的坡道上，陡坡缓降系统是不会起动的。

图 3. 3. 30　4MOTION 全时四驱系统

2）乘坐空间

172 cm 的体验者坐在驾驶席上，其前排的头部空间剩余一拳，如图 3. 3. 31 所示。移至后排之后，体验者的后排头部空间剩余三指，而腿部空间则剩余近三拳，其后排空间表现与Q7相同，如图3.3.32所示。这样的表现实在是太出乎意料了，毕竟该车的轴距表现并不太出色。另外，该车后排中间地板的凸起幅度很大，好在纵向距离足够放脚。

图3.3.31　途锐前排头顶空间

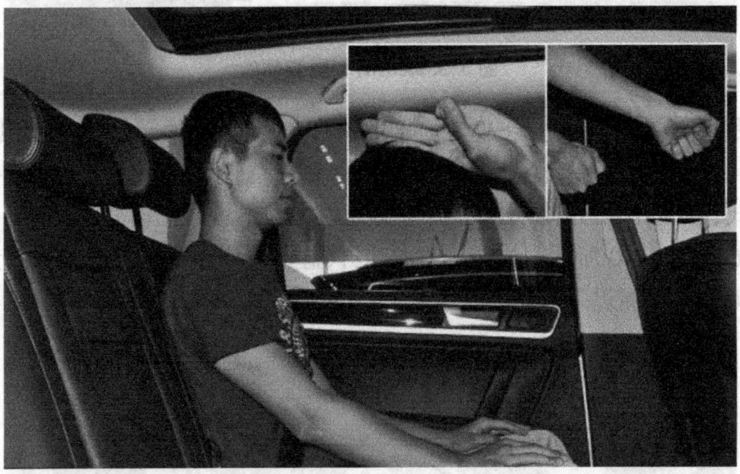

图3.3.32　途锐后排空间

3）动力性

新途锐选用了全新的3.0 L机械增压发动机与8速手自一体变速箱的动力搭配，如图3.3.33所示。这样的搭配可以说并不意外，这在早期推出的同平台车型Q7和卡宴的动力配置上便可窥其一二。奥迪Q7推出了272 ps和333 ps两个动力调校的版本，而卡宴直接采用了高功率版本的发动机配置，新途锐则在原有发动机的基础上进行了调校，其功率比Q7的低功率版本提升了18 ps，达到了290 ps，而扭矩也增加到420 N · m，虽然，最大扭矩爆发的转速推迟到了2 500 r/min，但更好的动力和更小的车身质量也使新途锐拥有了更好的加速性能。

空气悬挂系统如今已成为大多数豪华SUV的标准配置。途锐的空气悬挂系统根据行驶条件的不同分为舒适、正常和运动三种模式。在快速行驶时，途锐的空气悬挂系统能自动降

图 3.3.33　全新的 3.0 L 机械增压发动机

低车身高度，让车辆在行驶过程中保持良好的稳定性。而在通过障碍过程中，途锐的空气悬挂系统能让底盘最高升至 300 mm，涉水深度达到 580 mm。这一系列指标都让途锐拥有出众的越野性能。

其方向盘的手感一如既往的轻便，而转向比例则似乎并不像其他大型 SUV 那样刻意增大，再加上直接、快速得堪比 GTI 的转向响应，实在不能想象如此灵敏的回馈出自如此庞大的体型。当然，其前、后双叉臂悬挂也功不可没，尤其对于新途锐这种“人高马大”的 SUV，如果横向力度处理不好的话就会带来那种背着书包跑步的累赘感。但新途锐稳健的步伐给了我们充足的信心，驾驶者要担心的就只有在不知不觉间车速已经超出想象太多。

三、宝马 X5 车型介绍及推荐

1. 车型概述

新款宝马 X5 的风格改动可以说是比较简单的。该车外观部分的改动主要体现在前、后保险杠部分，升级后的 X5 采用了新款类似 X5 M 的前部保险杠。车子的空气抑制器和侧面的空气进气口显得更具有运动感，而雾灯的位置也更多地移向了车子的内部。

在车子的背面，后部保险杠也进行了小小的升级，并且追加了一个凸起的人造扰流器，而排气管的末端也更大，相比之前的版本，尺寸增加了不少。同时还在尾灯部分进行了升级，制造时采用了发光二极管。

其车身内部采用了纳帕羊皮包裹的座椅，而中央控制台以及仪表盘的设定作为选配项。车子的后备厢空间保持不变，如果把后排的座椅收起来，消费者可以获得 620 L 的空间。如果把所有的座椅都放平，那么后备厢的最大容量可以达到 1 750 L。宝马汽车不再制造 X5、xDrive30i，而是为搭载单涡轮增压发动机的 N55 驱动的 xDrive35i 让路。后者的最大输出功率可达到 225 kW，扭矩峰值可达到 400 N · m，相比之前的版本，这两个参数分别提升了 25 kW 和 85 N · m。

在配置上，新 X5 提供了众多的高科技系统，包括比较常规的抬头显示、转向头灯、远/近光自动切换，还包括停车距离控制、主动巡航控制系统、车道偏离指示系统和后方盲区警示系统等。众多高科技配置的出现既改善了该车的行车舒适性，也提升了行车的安全性。

2. 六方位介绍

（1）正面，如图 3. 3. 34 所示。

图 3. 3. 34　宝马 X5 正面

外形饱满、轮廓硬朗，可以说全新宝马 X5 的外形设计极具动感。新款宝马 X5 比较明显的更新在于头灯与尾灯，以及前后包围和机舱盖等。被刻意放大的车灯明显更加具有视觉冲击力和时尚感，相比老款，它给人的感觉更加饱满、强壮，宽大的双肾形进气格栅依旧延续家族式的脸谱设计，在保证进气的同时又提升了整个前脸的立体感，如图 3. 3. 34 所示。

（2）侧面，如图 3. 3. 35 所示。

图 3. 3. 35　宝马 X5 侧面

宝马 X5 的侧部高腰线设计加强了整车的肌肉感，也成就了其整体雕塑型线条设计的美感。超宽的轮胎让它的抓地力异常坚定，底盘硬朗的调校使得减振行程很短，它的避振器和弹簧非常坚韧，对车身的负载变化抑制良好，驾驶时会感到宝马 X5 的车身晃动有限，脚下感觉非常扎实，而重心转移却像轿车那样迅速，其紧绷的悬架让你敢于冲击更高的极限。

（3）侧方 45°，如图 3. 3. 36 所示。

图 3. 3. 36　宝马 X5 侧方 45°

双圆头大灯加上天使眼光环的设计在保证行车安全的同时，也提高了车辆的识别度。

自动头灯可以帮助车主更舒适、方便地使用车辆的远光灯。该系统可以监测车辆周围的灯光状况，并根据需要自动切换远光和近光灯，这样可以避免在与其他车辆会车时因使用远光灯而晃到对面司机的眼睛。

在雨雪、雾霾天气时，它的双氙气大灯的亮度提升了 300%，因而照得更高、更广、更远，让行车更安全。

在高速行车时，它的大灯清洗装置可以起到清洗大灯的作用，经过清洗的大灯可以提高车辆在下雨、下雪和扬尘路面上行驶时的能见度。

（4）后方，如图 3. 3. 37 所示。

它的 L 形超大尾灯、标志性的鲨鱼鳍天线和隐藏式尾翼，让人即使在夜幕之下也能一眼就识别出 BMW 的身影。宝马 X5 不仅有超大的后备厢，同时其后排座椅还可以完全向前放倒，这样的设计再一次扩大了车辆的装载量，完全超出了外出旅游时对空间的需求。驾乘者甚至可以躺在后排，惬意地享受大自然的静谧与神奇。采用潜艇声呐技术的前、后倒车雷达，加上倒车影像的辅助，让倒车时更精准、更安全。

新宝马 X5 在运动和时尚方面取得了突破，它将商务、大气、稳重的外观气质与运动、操控、时尚的产品特质完美地结合起来，给人一种全新的观感，这是宝马 X5 最大的卖点。其 L 形尾灯的视觉效果更具科技感，红色发光二极管的刹车灯亮度更高，而且响应的速度更快，这在美观的同时又提高了驾驶的安全性。

图 3.3.37 宝马 X5 后方

（5）驾驶室，如图 3.3.38 所示。

图 3.3.38 宝马 X5 驾驶室

大屏幕彩色液晶显示屏是宝马 X5 在同级别车中独有的豪华配置，它的外观精致、功能强大，且操作便捷。在此之前，只有豪华版本的车上才有类似的配置。它的彩色液晶显示屏的功能强大，能够同时显示 CD/MP3 音响系统、蓝牙电话控制、胎压、空调和时间等多种信息，从而让驾乘人员全面了解车况。

整体内饰的米色氛围和银色装饰板恰到好处的点缀，很好地提升了整车内饰的档次。扎实的用料和做工，保证了它拥有足够出色的质感，并能营造出舒适的驾乘氛围。

包裹性相当好的真皮座椅，可以为身体提供良好的侧向支撑和包裹，让驾驶员在体验驾驶乐趣的同时又能保持良好的坐姿，从而提高了行车的安全性。这套座椅还可以提供10向记忆电动调节和3级座椅电加热功能。

前排中央扶手的一体式储物格设计非常贴心，并大大提高了驾驶室布局整洁的程度。其内部有一个音频输入接口、一个USB接口和电源输出接口，这样的设计优化了整体布局，又提高了整车的娱乐性。

（6）发动机舱，如图3.3.39所示。

图3.3.39　宝马X5发动机舱

2013款宝马X5搭载动力输出充沛、省油且环保的3.0T直列六缸双顶置凸轮轴全铝合金发动机，配合在同级别车中性能最高的8速手自一体变速器，可以为精彩的驾控提供充沛的动力。这不仅提高了气缸燃烧室的进气量和排气量，而且增强了发动机的功率。

由于正时皮带在长时间使用后会发生老化、松动的现象，为确保安全，每使用6万公里就需要将其更换一次。而如果发动机的正时系统是由金属链条传动的，就几乎没有磨损、老化方面的顾虑了，一般仅需做些简单的校正、调节就可以使之达到与发动机同等的寿命。

手自一体变速器既具备自动变速器方便、舒适的操控性能，又能使驾驶员充分享受手动换挡的驾驶乐趣，因此成了中、高级轿车中必不可少的配置。对比目前中级车市场上的变速器配备，在某些车型仍配备4～5速，或自动或手自一体变速器的情况下，2013款宝马X5配备的8速手自一体变速器在同级别车中具有领先水平，达到了与陆虎的揽胜、发现相同的配置水准。

3. 核心卖点介绍

1）外观

自从家族式的概念开始兴起之后，深谙此道多年的宝马就开始全面发力，最令人惊喜的是，宝马的每个车型都具有优良的家族基因，但它们的样子又不会太过于相似，不像某些厂商搞得全家都是一副“扑克脸”，如图3.3.40所示。

图 3.3.40　宝马 X5 外观

此次宝马 X5 换代的重点并不在车身尺寸方面，新老宝马 X5 之间的“身材”差别并不大，甚至新宝马 X5 的高度还比老款略矮了一点，但这细微的变化肉眼几乎无法察觉，整体来说，二者依然处在同一水平线上。

X5 xDrive50i 车型，其车内外都采用了宝马 M 运动套件，甚至有不少 M 系列车型的影子。全新宝马 X5 除了外观上的变化之外，还增加了不少配置，例如 180°前视摄像探头、夜视系统和 ACC 自适应巡航等功能。

其侧面的车身线条经过重新设计，新款车型的腰线更加复杂，比老款看起来更加柔美，如图 3.3.41 所示。另外，新宝马 X5 还增加了窗边的镀铬饰条，提升了整车的档次。同时，车辆的前翼子板还设有通风口，这一设计有利于为前刹车钳降温。

侧面的车身线条经过重新设计，新款车型的腰线
更加复杂，比老款看起来要更加柔美

图 3.3.41　宝马 X5 车身线条

此次 X5 改款中更强调的一点就是增强了年轻的气息。其尾部虽然保留了上一代车型的稳重气息，但整体细节的改变让它看起来更时尚、更运动、更容易被年轻人接受。其中，它的尾灯依然是灯带式设计，其诠释的意义是烧红的排气管，代表宝马品牌的运动精髓。

新宝马 X5 轮毂的可选范围有很多，图 3.3.42 所示的车型配备的为多幅式 20 英寸轮毂，其视觉效果非常夸张，后轮的315宽胎更是让人感受到满满的杀气。

图 3.3.42　宝马 X5 轮毂

宝马绝对算得上是装饰灯光的鼻祖，它从最早的 E39 5 系车型就开始使用灯光装饰的概念。全新的宝马 X5 继续沿用了这一设计概念，不同的是，它采用了 LED 光源，从日间行车灯到大灯，甚至雾灯都采用了 LED 作为光源，如图 3.3.43 和图 3.3.44 所示。

图 3.3.43　宝马 X5 夜间头灯效果

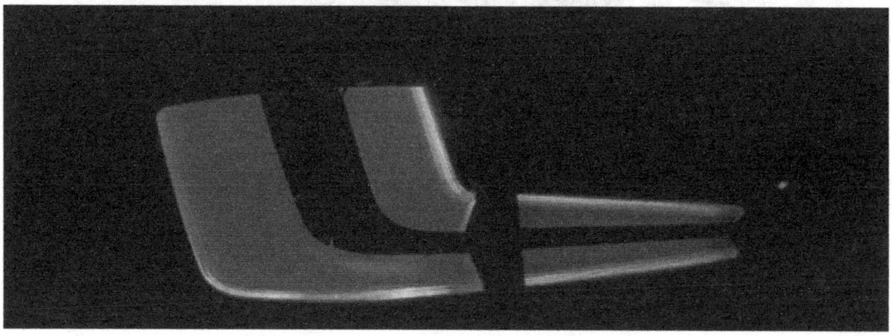

图 3.3.44　宝马 X5 夜间尾灯效果

2）内饰

和外观的转变一样，其内饰虽然保持了沉稳的主体思想，但细节与用料的改变使其整体风格已经开始向年轻化的路线转移。其中，非对称的双层中控台无疑是让其内饰布局显得年轻化的主要变化之一。同时，这样的设计也让驾驶员的视线更加开阔，如图 3.3.45 所示。

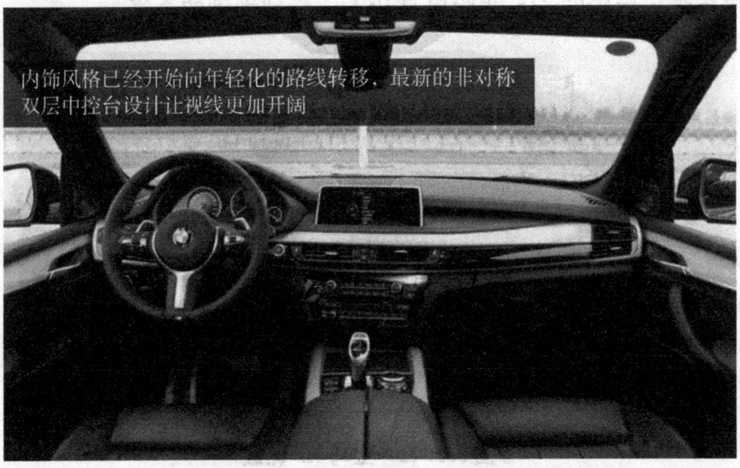

图 3. 3. 45　宝马 X5 内饰

除了布局的改变以外，在材质和用料方面，宝马 X5 也进行了改动。其上层中控台采用了真皮包裹（只有在 xDrive50i 车型才配备，其他版本车型则配备普通的软性材质），M 套件周围采用了银色饰板，这让其整体的运动与豪华氛围非常到位。另外，其左、右出风口为分立式设计，出风量更大，并能够覆盖更大的面积。

此车配备了 M 运动套件方向盘，其整体造型与镀铬饰条的搭配显得车内空间更加紧凑，也更显纤细、时尚，如图 3. 3. 46 所示。其最本质的改变在于，新宝马 X5 全面弃用了现款的液压助力转向而改用电动助力，从而使得方向盘更加轻便，这样，即使是女性驾驶员，驾驶起来也不会觉得吃力。

图 3. 3. 46　宝马 X5 方向盘

它的仪表盘依旧是简约的黑底白字配色，仪表指针下方为液晶屏，主要显示行车电脑以及车辆状态，从视觉效果来看，其整体布局清晰明了，如图 3. 3. 47 所示。其中令笔者不满的是，连宝马 5 系都开始装配全液晶仪表盘了，而售价 177 万的车型却还没有。

它的中控彩色显示屏采用了独立式的设计，而且标配最新一代的 iDrive 系统，如

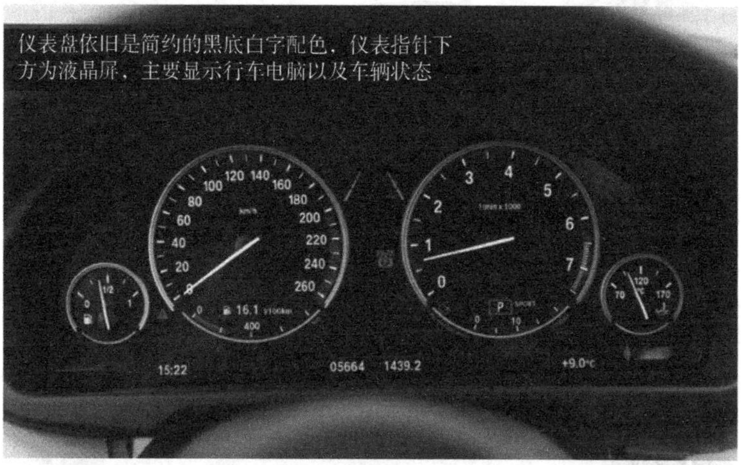

图 3. 3. 47　宝马 X5 仪表盘

图 3. 3. 48 所示。中控台的按键布局与上一代基本保持一致，简洁平整，使用起来方便易上手。它的手写功能也有了提升，哪怕是倾斜 45°进行手写输入文字，系统也可以迅速而正确地识别。

图 3. 3. 48　宝马 X5 中控彩色显示屏

3）配置

宝马 X5 作为一款大型 SUV，最令驾驶员头疼的事情莫过于狭小的停车位以及街道狭窄的老城区，它配备的全景俯视影像系统则很好地解决了这一问题，使驾驶者在停车的时候就好像在玩游戏那么简单。另外，宝马 X5 还配有 180°前视摄像头，它在停车出库以及穿行小路时特别有用，如图 3. 3. 49 所示。

可千万别小看它的自适应巡航 Start&Go 功能，如果说的夸张一些，完全可以把这个功能理解为智能驾驶系统的基础部分之一，它能在高速上让驾驶员完全解脱刹车，简直完美。另外，最夸张的是，Start&Go 功能在堵车时也可以使用，车辆会自动跟随前车行驶，堵车时大可以松开油门、刹车休息一把，略有遗憾的是这个功能的跟车距离有些大，经常会被加

X5拥有180°前视摄像头，在出小路或者停车场时
用来观察自行车、小孩等的效果非常好
180°前视摄像头
前方

图 3.3.49　180°前视摄像头

塞，如图 3.3.50 所示。

自适应巡航的Start&Go功能在堵车时也可以使用，车子会自动跟前啮前车
走走停停，遗憾的是跟车距离较大，容易被加塞，不赶时间的话可以考虑

图 3.3.50　自适应巡航 Start& Go 功能

它的尾门为对开式设计，这种设计第一个好处是减少了尾门开启时所需要的后部距离，第二个好处是下段的尾门可以作为座椅使用，这一设计在户外休息或钓鱼时非常实用，如图 3.3.51 所示。同时，宝马 X5 还配备了尾门开启高度可调功能，该功能除了能适用于不同身高的用户之外，还能避免车辆在低矮的地下停车场触顶。

4）乘坐空间

由于其车身尺寸并没有太大改变，因此在前排空间表现方面，新宝马 X5 延续了上一款

图 3. 3. 51　对开式尾箱与可调尾门高度

的表现。身高 177 cm 的体验者在正常驾驶姿态下，其头部空间还有一拳有余，同时腿部空间依旧宽敞，如图 3. 3. 52 所示。

图 3. 3. 52　宝马 X5 前排头部空间

它的后排空间基本没有变化，处于标准中级 SUV 的水准，在空间方面，同级别的几款 SUV 的表现都差不多，区别只在于座椅的舒适性。宝马 X5 座椅的舒适性算是中等水平，其舒适性要稍逊于揽胜运动版和奔驰 M，如图 3. 3. 53 所示。

作为宝马豪华 SUV 的顶级车型，全景天窗是必须有的，其整个面积并非大得惊人，只能勉强延伸到后排乘员的头顶，经过实际测量，其长宽分别为 942 mm 和 705 mm，最大可开启距离为 361 mm，如图 3. 3. 54 所示。

图 3.3.53　宝马 X5 后排空间

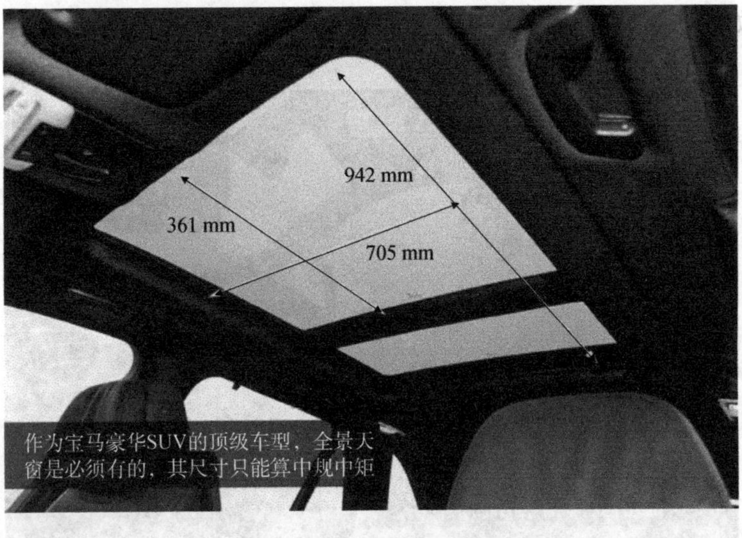

942 mm
361 mm
705 mm
作为宝马豪华SUV的顶级车型，全景天
窗是必须有的，其尺寸只能算中规中矩

图 3.3.54　宝马 X5 天窗

5）动力性

宝马 X5 xDrive50i 车型装配了一台 4.0 L 的 V8 涡轮增压发动机，其最大功率达到了 300 kW（408 ps）/［5 500～6 400（r·min^{-1}）］，最大扭矩为 600 N·m/［1 750～4 500（r·min^{-1}）］，如图 3.3.55 所示。虽然其参数不及国外版 xDrive 50i 的 4.4T，但这台发动机放在宝马 X5 身上已经算得上是绝配，这一点是毋庸置疑的。

8 速自动变速箱已经成了宝马车型的标配变速箱，其自动挡车型全都配备的这个来自 ZF 的 8 速自动变速箱，宝马对于这台变速箱如何与发动机匹配已经做到炉火纯青，如图 3.3.56 所示。在宝马旗下众多排量的车型中，这台变速箱与每台发动机都能够完美地匹配。其平顺性、传动效率和燃油经济性都无可挑剔。

图 3.3.55 宝马 X5 发动机

图 3.3.56 宝马 X5 变速器

新款 X5 依旧具有四种驾驶模式可供选择，即经济（ECO PRO）、舒适（COMFORT）、运动（SPORT）和运动+（SPORT+），如图 3.3.57 所示。这四种模式对应的驾驶乐趣依

图 3.3.57 宝马 X5 四种驾驶模式

次递增，其上下调节的按钮非常有宝马的特色，操作起来也相当方便。由于宝马 X5 xDrive50i 采用了全新的 CDC 电磁减振器和后悬空气弹簧，因此，在每种驾驶模式下，除了变速箱逻辑和换挡速度会发生改变之外，悬架的感觉也会有所不同。

项目 4

MPV 车型选购

任务 4.1　18 万～25 万家用兼商务 MPV 车型的选购

一、奥德赛车型介绍及推荐

1. 车型概述

本田（Honda）在日本市场首次推出一款定位为“多人乘坐的多功能轿车”的五门七人房车，并命名为奥德赛，它的推出打破了传统轿车功能单一的局面，提供了多人乘坐的空间，同时，它又区别于传统意义上的 MPV 车型，如图 4.1.1 所示，实现了从“多功能轿车”到“全享型 MPV”的全面革新与进化，正式开启了 MPV 市场的全享时代。

图 4.1.1　本田 MPV

1）奥德赛的含义

现代英文中的奥德赛本是旅行者的意思，这个名字源于古希腊神话，是浪漫冒险的象征。当初，日本本田的研究设计人员在进行开发研究时，循着当年古希腊英雄史诗所叙述的历程和足迹，跑遍了半个欧洲去寻求其浪漫理念的源头。最终设计出了颇具欧洲浪漫与舒适风格的奥德赛原型，如图 4.1.2 所示。

2）全新动力系统及整体设计

首先，新一代奥德赛采用了本田最新的 2.4 L + CVT 的动力总成，如图 4.1.3 所示；然后又加长了轴距，使得它在空间方面得到了提升，如图 4.1.4 所示；第三则是把后门设计成了侧开式，让上下车更加方便；最后，全新奥德赛还加入了大量的电子辅助配置，让驾驶更安全、更便利。

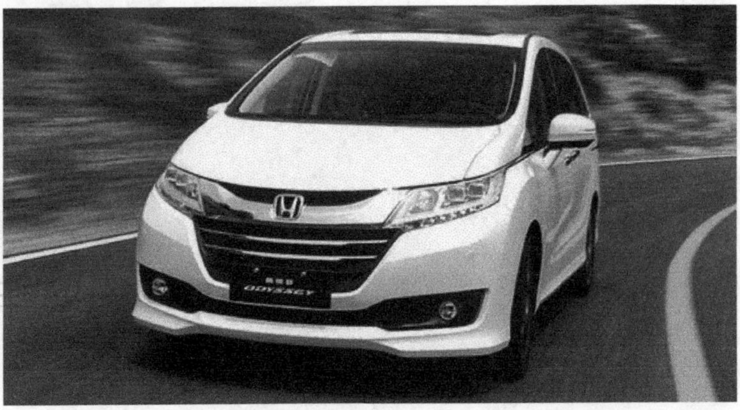

图 4.1.2　奥德赛

图 4.1.3　奥德赛 2.4 L 发动机

图 4.1.4　奥德赛车身结构剖面图

2. 六方位介绍

（1）正面，如图 4.1.5 所示。

图 4.1.5　奥德赛正面

①典型的日系 MPV 车身造型。

前脸的设计非常大气，与上一代“轿车化”的风格丝毫没有关系，新一代的设计完完全全是标准的 MPV 风格，因而使用了更显简洁、大气的设计语言，同时，其整体也散发着浓郁的日系风格。由此看来，除了主打家用市场以外，厂商意图全面进军商务市场的信号非常明确。

②时尚前脸。

它的大灯部分与本田最新推出的凌派、雅阁两个车型非常相似，但其方正的造型显得更加稳重，同时采用了大颗粒的 LED 日间行车灯作为点缀，非常符合时下年轻人对审美的要求。大灯的光源采用了 LED 近光灯与卤素远光灯的组合，从而大大提升了照明效果与安全性。同时，其车头还配置了泊车雷达与泊车摄像头，在这方面几乎是无可挑剔的。

（2）侧面，如图 4.1.6 所示。

图 4.1.6　奥德赛侧面

设计师并没有因为它是 MPV 就彻头彻尾地采用简洁的设计，相反在车的侧面可以看到很多优美的线条，而加长的轴距也让它的身形更显优雅。从头灯贯穿至尾部的镀铬饰条是它的一大亮点，加上后部尾翼的装饰，让车身看起来非常灵动。另外，新一代奥德赛还采用了侧开门设计，其开度与上、下车的便捷性都是非常不错的。

（3）侧方45°，如图4.1.7所示。

图4.1.7　奥德赛侧方45°

新奥德赛车身的侧面轮廓可以说是青出于蓝而胜于蓝。它在各种外观细节方面的改进和性能上的完善，使得第五代奥德赛在各方面均比旧款有了较大的提升。尽管宽度与轴距保持不变，但新奥德赛的车厢空间依旧增加了60 mm，从而大大改善了后排的乘坐空间。双腰线设计+贯穿车身的镀铬装饰条让全新奥德赛的侧面更富层次感，同时，其侧滑门轨道也被巧妙地融入其中，并不显得突兀。

（4）后方，如图4.1.8所示。

图4.1.8　奥德赛后方

它的尾部采用了非常平直的设计，在视觉上增加了不少厚实感，但厚实与稳重并不是新奥德赛唯一的主题，设计师也为它加入了许多潮流的元素，例如尾灯组采用了目前非常流行的灯带式光源，同时也采用了年轻人非常喜欢的熏黑式设计，如图4.1.9所示。同时，其后风挡玻璃上方的扰流板也可以更好地提升运动感。

图4.1.9　奥德赛尾灯

（5）驾驶室，如图4.1.10所示。

图4.1.10　奥德赛驾驶室

①宜商宜家的中控设计。

新奥德赛的设计主题非常明确，就是要给用户创造一个非常宽敞的氛围，本田在这方面也确确实实做到了。同时，它令人称赞的另一个方面是，这套设计无论对于家用还是商务都可以完全胜任，没有丝毫的违和感。

除了出色的设计之外，在用料方面，本田也可说是“下足了料”。其副驾驶位前方采用了真皮包裹，加上纹理和光泽不错的仿木饰条与镀铬饰条，确实让人感觉高端不少。其中，稍微差强人意的是中控台上方为硬质塑料材质，触感方面稍有折扣。

②多功能组合仪表。

它的仪表盘也是标准的本田Style，整体没有采用什么花哨的设计，一切都向实用性靠拢，但值得肯定的是整个仪表盘布局工整，标线与字体都非常清晰与精致，如图4.1.11所示。另外，其屏幕中部的液晶屏能够显示非常丰富的行车电脑信息。

图 4.1.11　奥德赛多功能组合仪表

（6）发动机舱，如图 4.1.12 所示。

图 4.1.12　奥德赛发动机舱

在动力方面，全新奥德赛搭载了与第九代雅阁相同的 2.4 L 发动机，并带有 i－VTEC 可变气门升程和直喷技术，它在高转速下有较好的动力响应，而在大幅提高燃油效率的同时，它通过降低缸内摩擦损耗，将峰值扭矩输出提升了 8%，将燃油经济性提升了 13%。配合超宽传输比的 CVT 无级变速箱，也称得上是不错的搭配。CVT 变速器可以准确地反馈驾驶员每一次的加速和减速动作，但这一切均以舒适性为前提，在 CVT 的精心梳理下，其 2.4 L 自然吸气发动机更多时候是处于温柔和巡游的状态。

3. 核心卖点介绍

1）空间与操控并举

既拥有 7 座位 MPV 的宽敞乘坐空间，又能提供接近轿车一样灵活贴地的驾驶感受，这就是本田奥德赛的最大卖点，如图 4.1.13 所示。它的 2.4 L i－VTEC 发动机已经相当成熟，动力与油耗都比较均衡，跟 5 速自动变速器的搭配也已经非常默契。而作为一台 MPV，奥德赛身上的家用特性会比商务特性更加明显，其灵活多变的空间组合就是很好的例子。

图 4.1.13　奥德赛车型

2）更加优越的主被动安全系统

在驾驶和安全配置方面，奥德赛智酷版还拥有泊车雷达与侧安全气帘，而且还标配了HSA 斜坡起动辅助、前排双安全气囊、第二排 ISOFIX 儿童安全座椅固定装置、EBD 电子制动力分配、VSA 车辆稳定控制和 ABS 防抱死等安全配置。

3）更加完美的驾乘设施

在内饰方面，它增加了换挡拨片，并采用了 Alcantara 材质的座椅。其内饰整体为黑色，提升了新奥德赛的运动氛围。在配置方面，它还配有 LED 大灯（近光灯）、全景影像系统和多功能操作杆，如图 4.1.14 所示。

图 4.1.14　奥德赛多功能操作杆

4）智能多媒体系统

它的多媒体系统是目前本田广泛采用的智能屏互联系统，在不连接手机的情况下能够进行基本的娱乐功能（例如收音机、USB 等）；连接手机后可以把手机上的内容投射到车载大屏幕上，从而进行导航以及各项 App 的应用，如图 4. 1. 15 所示。只不过现在这个系统支持的手机类型还非常有限，假如你的手机不能与之兼容的话，那这个系统就等同于一个带屏幕却不能导航的 CD 收音机，所以，其正式实用化还需要厂商跟各大手机品牌进行更深入的合作。

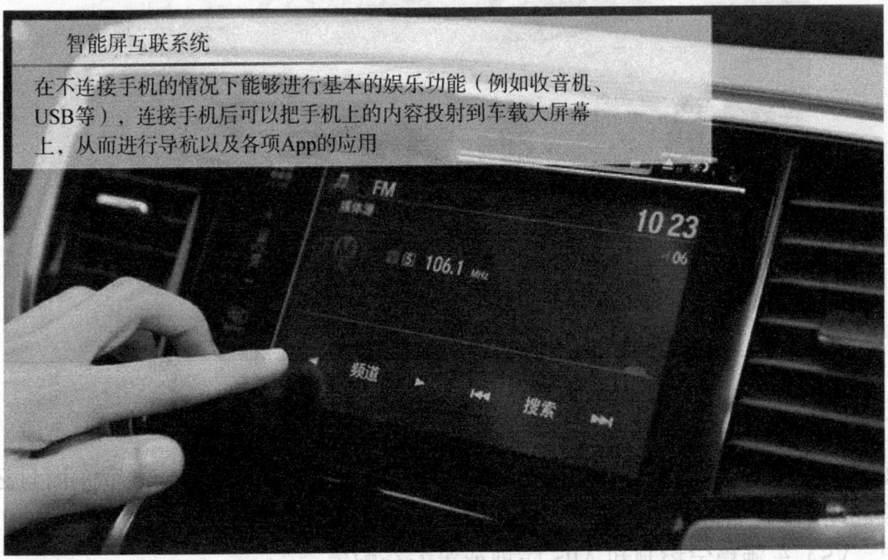

图 4. 1. 15　奥德赛智能多媒体系统

它的触摸式空调面板的触控反应足够灵敏，给用户的体验比一般的机械按钮还要好，同时，整体的档次感也因而提升了不少，如图 4. 1. 16 所示。

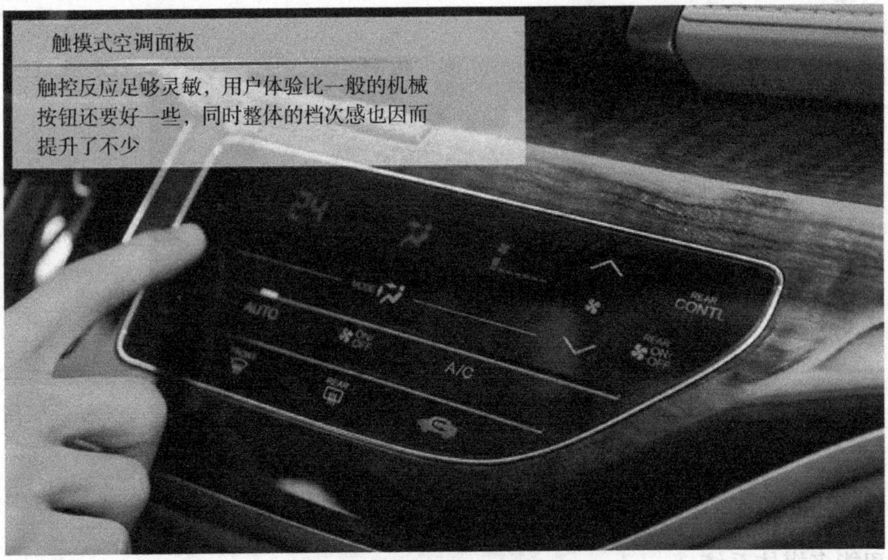

图 4. 1. 16　奥德赛触摸式空调面板

5）宽敞舒适的驾乘空间

空间也是新一代奥德赛改变最大的地方之一，比起上一代，它新增加的 70 mm 被本田工程师发挥得淋漓尽致，另外更为夸张的是，它的车身还加高了 125 mm，在同级别车中可以说是名列前茅，所以，对于这一代奥德赛购买者完全不必担心空间不够用的问题。

像大多数 MPV 一样，奥德赛的座椅造型也偏向于舒适，而不会把乘员包裹得太紧，这也是 MPV 车型最需要的地方。另外，其座椅的皮质还进行了褶皱处理，增加了摩擦力以减少乘员身体的摆动，如图 4.1.17 所示。而且，更重要的一点是，这使车内空间看起来更显档次。

座椅舒适有质感
像大多数MPV一样，奥德赛座椅的舒适性非
常出色，加上褶皱设计，增加了不少档次感，
增加的摩擦力能减少乘员身体的摆动

图 4.1.17　奥德赛前排座椅

第二排座椅简直就像从飞机头等舱里搬下来的，其皮质和坐垫的感觉都非常出色，另外，座椅还具备多项调节功能，哪怕是一位非常挑剔的消费者，也可以轻松地找到让自己最舒适的位置。其中比较令人烦恼的是，它的调节按钮非常多，需要一段时间来适应。同时，其前、后调整的范围非常宽，使得不同身形的乘员都可以轻松地满足自己的需求。身高 180 cm 的体验者在正常坐姿下，座椅调至最靠后的位置，还能拥有非常夸张的腿部空间，而头部则还能拥有一拳加三指的空间，这样的空间表现只能用夸张来形容，如图 4.1.18 所示。

第三排座椅虽然没有第二排那么宽大、厚实，但在乘坐舒适性方面也不至于太弱，完全可以满足日常使用的需要，同时，第三排座椅一样拥有褶皱的真皮处理，档次感看起来也不错，而且第三排座椅的中央头枕绝没有偷工减料，如图 4.1.19 所示。

头等舱的享受
第二排的座椅简直就像从飞机头等舱里搬下来的，皮质和坐垫的感觉都非常出色，另外还具有多项调节功能

图 4.1.18　奥德赛第二排座椅

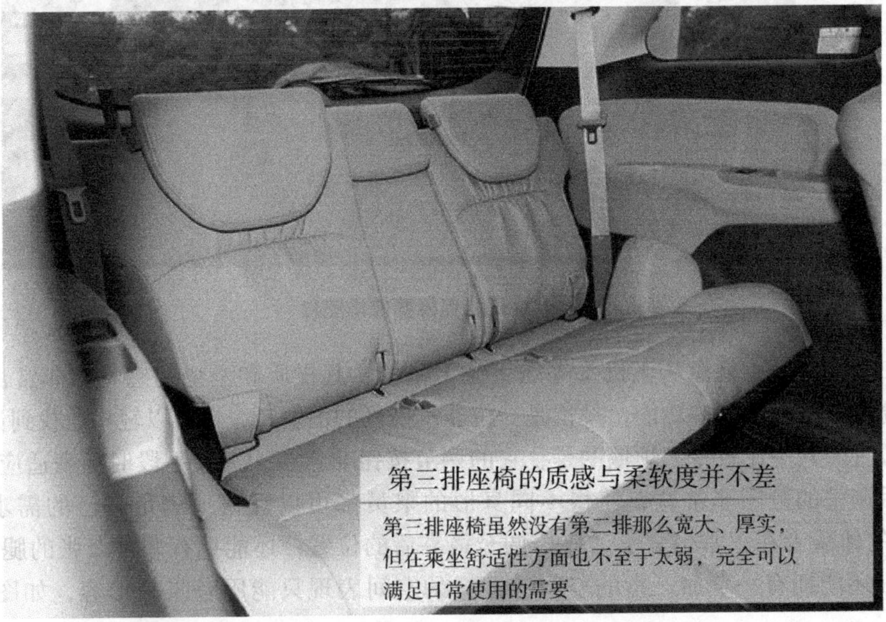
第三排座椅的质感与柔软度并不差
第三排座椅虽然没有第二排那么宽大、厚实，但在乘坐舒适性方面也不至于太弱，完全可以满足日常使用的需要

图 4.1.19　奥德赛第三排座椅

二、夏朗车型介绍及推荐

1. 车型概述

自 1996 年第一代夏朗（Sharan）面市以来，它就一直占据着德国市场最畅销 MPV 的位置，如图 4.1.20 所示。在整个欧洲市场，夏朗在同级别车中的销量也位列前三甲。在购买夏朗的消费者中，有半数在此前驾驶的是其他厂家生产的车型。夏朗的超凡魅力足以证明大

众汽车的设计和制造理念是多么深入人心。

图 4. 1. 20　夏朗

在波斯语里，夏朗这个词指的是国王的御辇，大众将其命名为 Sharan，意为“运载之王”，其侧面外形如图 4. 1. 21 所示。

图 4. 1. 21　夏朗侧面外形

2. 六方位介绍

（1）正面，如图 4. 1. 22 所示。

有着家族化脸谱的夏朗的高度倾斜的车头仍采取短捷的设计，这不仅能令前方视野更为清晰，也使其整体造型显得更加动感、轻巧，从而摆脱了一般大型 MPV 那种笨重不灵活的感觉。它的车身尺码适中，没有一味求大，这样不仅能提供充裕的乘坐空间，而且在停车时也不会因为车体的高度问题而徒增烦恼。

作为大众旗下的车型，基本都被打上了深深的“大众烙印”，其家族化的设计传承并覆

图 4.1.22　夏朗正面

盖了全系车型，夏朗也不例外。从正面看夏朗，一时间还真的难以把它和家族里其他车型分辨开来。

（2）侧面，如图 4.1.23 所示。

图 4.1.23　夏朗侧面

①镀铬装饰条。

侧窗上典雅的镀铬装饰条，令新夏朗显得格外夺目。特制的天窗和车窗的边缘线，更给人留下深刻印象。

②滑动车门。

轻便的滑动车门不仅方便后排的尊贵乘客在狭窄的停车空间内轻松上、下车，更方便装载货物。

（3）侧方 45°，如图 4.1.24 所示。

方正的车身造型，加上中、后排深色玻璃的设置完全展现出夏朗的商务范儿。但不少人都说夏朗像 Wagon 多过像 MPV，但其实只是夏朗最早期的版本像 Wagon 而已，全新一代的夏朗在 MPV 路线上已走得坚定了许多。

图 4.1.24　夏朗侧方 45°

（4）后方，如图 4.1.25 所示。

图 4.1.25　夏朗后方

独具一格的尾灯搭载转向灯设计，令新夏朗的尾部永远成为夺目的焦点，如图 4.1.26 所示。

（5）驾驶室，如图 4.1.27 所示。

①宜商宜家的中控设计。

Sharan 采用了 2 +3 +2 的座椅设置，因此，它没有中央通道可供第三排乘员出入，虽然其车宽超过 1.8 m，但由于微向内收的圆弧状车型定位，在多乘员搭载时，乘员的肩部及头部空间会受到一定影响。但对于一辆长 4.6 m 的 MPV 来说，Sharan 的空间利用率已经相当

图 4.1.26　夏朗尾灯

图 4.1.27　夏朗驾驶室

不错了。另外，它的后排空调出风口也极为隐蔽，采用了板置式设计，冷气从脚下的气槽向车室周遭蔓延，虽然整车没有设置顶置空调出风口，但其制冷效果已有上佳表现。

②前排座椅与玻璃清洗装置。

夏朗的特别装备可加热前排座椅，而且它还配备了可自动加热玻璃的清洗装置。其中，后排座椅如图 4.1.28 和图 4.1.29 所示。

③快捷按钮操控后备厢盖板。

驾驶员可利用中控台上的快捷按钮或遥控钥匙将电动后备厢盖板轻松开启或关闭，如图 4.1.30 所示。

图 4.1.28　夏朗中排座椅

图 4.1.29　夏朗后排座椅

图 4.1.30　夏朗快捷按钮

④无钥匙关闭起动系统。

按下起动按键便可开启点火程序，驾驭激情，一触即发。

⑤RNS 510 无限导航系统。

该系统可播放 MP3 或 WMA 音频，兼备语音及视频导航功能，并配备 DVD 播放器和 30 GB 的硬盘、SD 读卡器、AUX - IN 多媒体接口及 Plus 多功能显示屏，如图 4. 1. 31 所示。

图 4. 1. 31　夏朗无限导航系统

⑥Climatronic 分区空调。

它的空调系统借助驾驶席、副驾驶席和设置在后排的气流出口可以实现单独的温度调节，以便实现空调的高效利用，如图 4. 1. 32 所示。

图 4. 1. 32　Climatronic 分区空调

⑦倒车辅助摄像装置。

它的 Rear Assist 倒车辅助摄像装置可将倒车影像逼真地显示在宽视屏上，方便驾驶员直接观察车后的一切状况。其显示屏的高分辨率成像效果可令驾驶者清晰地明辨后方的障碍物。

⑧电子稳定系统 ESP。

电子稳定系统 ESP 搭载领先科技的刹车辅助系统，能避免车辆在危急的情况下出现转弯失控，帮助车辆获得最大限度的方向稳定性，如图 4. 1. 33 所示。

⑨自动泊车辅助系统。

它的智能 Park Assist 自动泊车辅助系统不仅可以自动驾驶车辆，将车辆泊入狭小的横向停

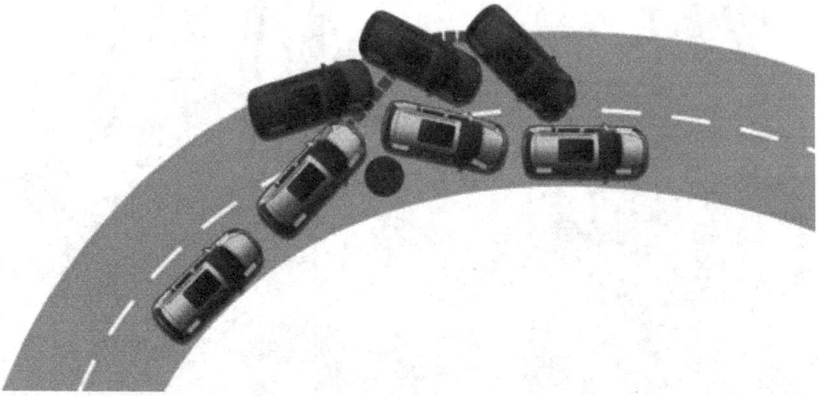

图 4.1.33　夏朗电子稳定系统

车位，也可以实现在狭小的纵向停车位内停车。若该系统被激活而且车辆时速不超过 40 mi①，当车辆经过空车位时便会在系统中进行扫描记载，而驾驶者只需操纵油门和制动阀即可让车辆从容入位。

⑩全景电动天窗。

它的全景电动天窗，让人在车内也能享受到充足的阳光，尽览广阔风光，如图 4.1.34 所示。

图 4.1.34　夏朗全景电动天窗

⑪可完全折叠的副驾驶座椅靠背。

它极具实用性的可完全折叠的副驾驶座椅靠背，在扩大后备厢装载空间的同时，更可在折叠后当作桌子来使用，如图 4.1.35 所示。

① 1 mi = 1 609.344 m。

图 4.1.35　夏朗可完全折叠座椅

⑫Easy Fold 系统。

借助它配备的 Easy Fold 系统，可轻松改变车内的后备厢空间。作为一款七座的旅行车，它随时都可以提供灵活、充裕的装载容量。

⑬Easy Entry 上车辅助系统。

它的 Easy Entry 上车辅助系统可为第三排乘员留出宽敞的出入通道。

（6）发动机舱。

它的 TSI 发动机是汽油直喷与涡轮增压两种尖端技术的完美融合。新夏朗搭载的 TSI 发动机拥有大功率、大扭矩和超低油耗等卓越的表现，如图 4.1.36 所示。在动力方面，新夏朗搭载的 1.8 TSI 发动机，最大功率为 160 ps，最大扭矩为 250 N · m，与该发动机匹配的是 6 速 DSG 双离合变速箱。之前在售的夏朗仅有搭载 2.0 TSI 发动机的车型，新推出的搭载 1.8 TSI 发动机的车型将会丰富消费者的选择，同时也降低了购车门槛。

图 4.1.36　夏朗 TSI 发动机

1.8 TSI 舒适型车型的配置与 2.0 TSI 舒适型车型相比，1.8 TSI 车型减少了 LED 日间行车灯、双氙气大灯、大灯清洗、LED 牌照灯等几项配置，其他配置均与 2.0 TSI 舒适型车型相同。

相对于 V6 2.8 L 版 204 ps/265 N·m 的高动力输出，夏朗 1.8 T 的版本是否显得相形见绌呢？夏朗装备的该款 1.8 T 引擎广泛应用于 VAG（大众奥迪集团）车系，在国内也用来匹配 A4、A6 和宝来等车型。它采用 dohc20v 设计，单缸 5 气门三进两出，在进、排气效率方面技高一筹。在 0.36bar① 的低涡轮设定下，其最大输出马力和扭矩分别为 150 ps/5 800（$r\cdot min^{-1}$）和 220 N·m/1 800（$r\cdot min^{-1}$），单升输出功率为 62 kW/L，已属中、上乘水准。顺便一提，在不同的引擎调校下，北美版 bora（宝来）1.8 T 的最大输出马力可提升 30 ps，性能表现也相当抢眼。

3. 核心卖点介绍

（1）空间与操控并举。

（2）更加优越的主被动安全系统。

（3）更加完美的驾乘设施。

（4）智能多媒体系统。

（5）宽敞舒适的驾乘空间。

三、GL8 车型介绍及推荐

1. 车型概述

自 1983 年第一辆 MPV 在美国诞生后，它就以大空间、多功能和易操控的优势很快风靡全球，并成为汽车市场上销售量增长最快的车型。20 世纪 90 年代初，上海通用汽车向国内市场推出了第一款高档商务旅行车——别克 GL8，它具有外形稳重、底盘扎实、动力强劲、操控灵活、多功能和大空间等综合优势，如图 4.1.37 所示。

图 4.1.37 别克 GL8

1）GL 的含义

GL 是 Grande Lux 的缩写，意思为豪华型，用它来代表领航中国 MPV 市场的别克陆上公务舱，并借此寓意它驶向更具竞争优势的新高度。作为国产公、商务 MPV 的顶级车型，GL8 陆上公务舱不仅“尊贵大气、豪华舒适”，而且在外观、空间、配置、安全和动力方面更形成“全五星级”的地位，对于追求高端形象的政府机关和中、高端的企业用户，更能

① 1 bar = 10^5 Pa。

彰显其尊贵气质。

2）全新的动力系统及整体设计

首先，新一代 GL8 采用了别克最新的 2.4 L + CVT 动力总成，如图 4.1.38 所示；然后又加长了轴距，使得它在空间方面得到了提升，如图 4.1.39 所示；第三则是把后门换成了侧开式设计，让上、下车更加方便；最后，全新 GL8 还加入了大量的电子辅助配置，让驾驶更安全、更便利。

图 4.1.38　别克 GL8 发动机

图 4.1.39　别克 GL8 的车内空间

3. 六方位介绍

（1）正面，如图 4.1.40 所示。

别克 GL8 具有典型的美系 MPV 车身造型，其前脸的设计非常大气，全新的家族式脸谱，透出美系风格，延续并巩固了它在商务车市场上的领导地位。

（2）侧面，如图 4.1.41 所示。

修长的车身设计凸显了 GL8 优雅的商务车气质；车窗车门的黄金比例分割增添了整车的和谐之美；宽大厚重的车门更使得车辆拥有深沉、内敛的品格。

（3）侧方 45°，如图 4.1.42 所示。

GL8 饱满厚重的前脸，配合侧面三线，将大气和动感完美结合。

图 4.1.40　别克 GL8 正面

图 4.1.41　别克 GL8 侧面

图 4.1.42　别克 GL8 侧方 45°

（4）后方，如图4.1.43所示。

图4.1.43　别克 GL8 后方

车尾展翼式后尾灯勾勒出优美的曲线造型，全 LED 材质的刹车灯提高安全级别，晶钻镀铬尾灯更为国内 MPV 车型所独有，在赏心悦目间实现安全的贴心保障。另外如鲨鱼鳍天线、别克家族传承的 Porthole 流光舷窗、镀铬装饰等精致点缀衬托出动感流畅的车身线条，搭配雅致的曲面造型，在光线照射之下美轮美奂，如珠宝光感般华丽，如图4.1.44所示。

图4.1.44　别克 GL8 尾灯

（5）驾驶室，如图4.1.45所示。

①宜商宜家的中控设计。

别克 GL8 豪华商务车秉承了家族化的环抱一体式座舱设计理念，营造流畅宽适的整体空间效果；Floating 悬浮设计的中控台与中控显示屏按照人体工程学的最佳角度设计，令观看显示屏与操作按键均随心自如，如图4.1.46所示；科技感十足的 Ice Blue 冰蓝极光仪表盘与中央3.5英寸智能车载彩屏驾驶信息中心相互辉映，营造出经典与科技的完美融合。

图 4.1.45　别克 GL8 驾驶室

图 4.1.46　别克 GL8 中控设计

②使用多功能组合仪表。

全新仪表盘，简约清晰，左右非对称设计的转速表与时速表独具创新性，中间配合 4.2 寸多功能显示屏，行车信息显示于此。在最上面为发动机水温及燃油表。新车前排配备了 7 英寸 WVGA 高清触摸导航显示屏，以国内 MPV 唯一配备的领先真 3D 硬盘导航系统，将街景以 3D 的形式即时展现，配合安吉星 OnStar 全时在线助理的目的地设置协助功能，令导航生活更加细腻真实、轻松便利；而同级最大、最清晰的顶置 10.2 英寸超大 WVGA 高清显示屏则为全车成员带来前所未有的视觉冲击，如图 4.1.47 和图 4.1.48 所示。

图 4.1.47　别克 GL8 多功能组合仪表

图 4.1.48　别克 GL8 智能屏互联系统

（6）发动机舱，如图 4.1.49 所示。

图 4.1.49　别克 GL8 发动机舱

3. 核心卖点介绍

1）商务车定位准确

打造尊贵豪华的顶级乘坐享受，5 256 mm 车长，3 088 mm 轴距，实现宽阔自由的车内空间。MPV 中唯一拥有带通风、加热功能的第二排豪华独立行政座椅，电动滑移门带电动升降车窗；电动后举升门带防夹功能，前 7 英寸、后 10.2 英寸 WVGA 高精度液晶显示屏。剧院级 5.1 声道 10 扬声器 Bose 豪华音响系统。独有的 Quiet Tuning 图书馆级静音科技发挥到极致，通过加强车身流线型减小风阻、发动机液压悬置减少振动、引入新材料加强座舱隔音效果，打造高端公商务用户真正的 VIP 空间，如图 4.1.50 所示。

2）更加优越的主被动安全系统

打造从容无忧安全商务座舱。严格按照 C－NCAP 五星级安全标准打造全系标配 ABS＋EBD＋TCS＋ESP（BOSCH 8.1 版本），主动安全高枕无忧。高强度车身及 6 安全气囊，铸就钢筋铁骨的被动安全保障，如图 4.1.51 和图 4.1.52 所示。

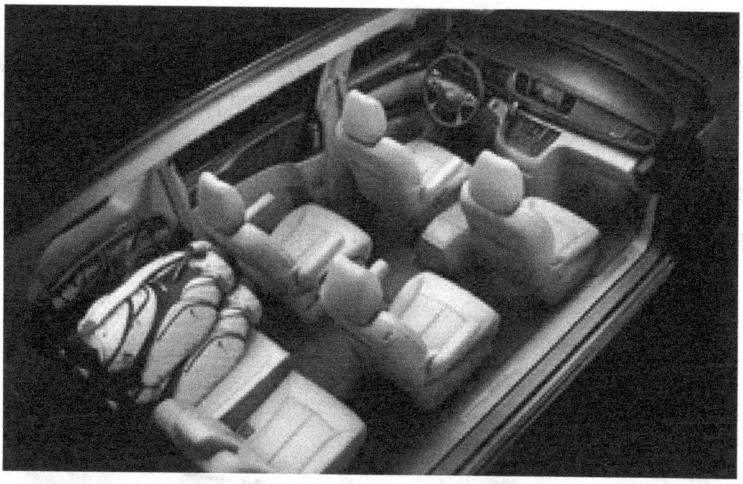

图 4.1.50　别克 GL8 乘坐空间

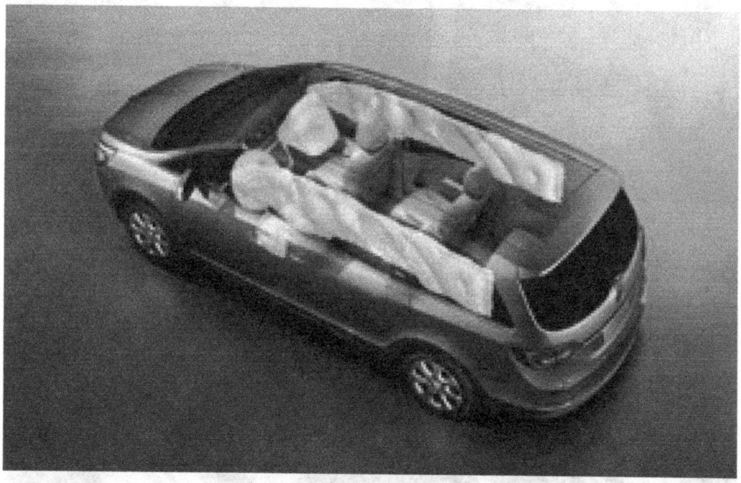

图 4.1.51　别克 GL8 安全气囊、侧安全气帘

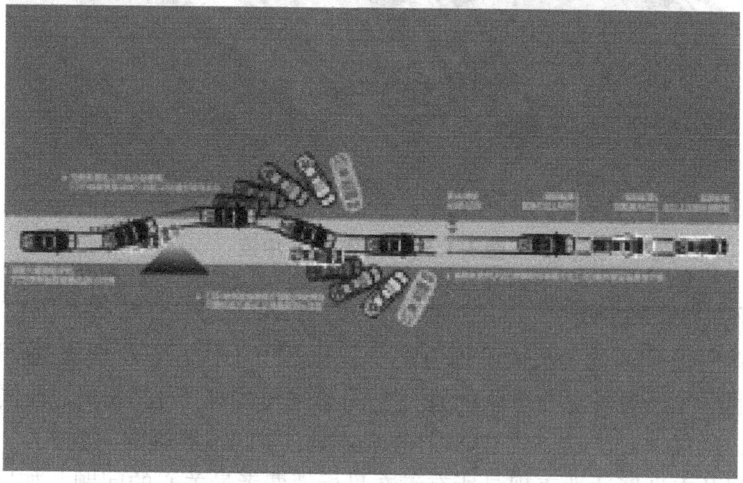

图 4.1.52　别克 GL8 安全辅助系统

3）更加完美的驾乘设施

在内饰方面，它改变了之前的怀挡，并采用了 Alcantara 材质的座椅。其内饰整体为黑色，提升了新车的运动氛围。在配置方面，别克 GL8 还配有 LED 大灯（近光灯）和全景影像系统。

4）智能多媒体系统

别克 GL8 的多媒体系统和中控系统如图 4. 1. 53 和图 4. 1. 54 所示。

图 4. 1. 53　别克 GL8 多媒体系统

图 4. 1. 54　别克 GL8 中控

5）宽敞舒适的驾乘空间

空间也是新一代 GL8 改变最大的地方之一，比起上一代，它新增加的 70 mm 被别克工程师发挥得淋漓尽致，另外更为夸张的是，它的车身还加高了 125 mm，在同级别车中可以说是名列前茅，所以，对于这一代 GL8 完全不必担心空间不够用的问题。

GL8 的空间及乘坐舒适性表现是所有潜在目标消费者最关心的问题，如图 4. 1. 55 所示。

对于 GL8 而言，驾乘空间是最重要的地方，无论是家庭用户，还是商务接待用购车群体，自然最为看重是乘坐舒适性的提升。同时，还要关注空间及一些细节的表现。在最后一排没有乘员时，得益于电动调节腿拖的加入，使得乘员的舒适性再上一个台阶。而第三排也通过调整座椅版型使得乘坐舒适度更好，同时还新增了中央扶手。乘坐感觉比较挺拔，坐垫对腿部的支撑性也变得更好。同时，第三排座椅两侧的车内饰板也进行了优化改进，无论视觉效果还是实际感受，对乘员的横向压迫感都明显缓解。同时，第三排座椅还增加了中央扶手，并且中间座的安全带也由两点式升级为了三点式。

图 4.1.55 别克 GL8 驾乘空间

四、马自达 8 车型介绍及推荐

1. 车型概述

马自达 8（Mazda8）的定位为“宜商宜家”的高档 MPV，为了全面满足客户在商务和休闲等不同场合的需要，它最多可供 8 人乘坐，加上车内座椅的多变组合，更可做到载人载货皆相宜，是一款真正意义上的“霸气、精致、幸福、全能的 MPV”，如图 4.1.56 所示。

图 4.1.56 马自达 8

马自达 8 可算是一款家用、商用通吃的 7 座位 MPV，其饱满、动感的造型相当讨人喜欢，而它的双侧电动车门更是目前 MPV 市场上最为流行且最显档次的装备。马自达在日本最先提出了 MPV 的概念，且该公司生产的第一款 MPV 车型就是马自达 8。

2. 六方位介绍

(1) 正面，如图 4. 1. 57 所示。

图 4. 1. 57 马自达 8 正面

①典型的日系 MPV 车身造型。

马自达 8 采用蚌式发动机盖和宽轮拱的设计，其造型凸显力量感，是最具气势的 MPV。它霸气时尚、精悍成熟的车头设计，时尚而不失稳重，并具有阳刚的 SUV 气质，在各种场合都很适用，而且可以让用户感觉非常有面子，也对事业和生活更有信心。

②镀铬装饰的上、下格栅。

马自达的前格栅采用镀铬横条装饰的上格栅与镀铬装饰的大型五点式下格栅，从而形成流行的大嘴设计。不仅在外观上非常有气势，也增强了进气效果，使车辆达到功能与美学的和谐统一。

③钻石组合前大灯。

造型新颖并且具有光感式智能开闭功能的组合前大灯与众不同、富有个性，能充分满足客户对追求时尚的需求，如图 4. 1. 58 所示。光感式开闭功能更能为用户提供行车安全的保障，当车辆进出隧道、地下室等暗处时，就不会因为光线突变而为驾驶带来危险。

④运动型保险杠。

过渡流畅，与整车设计融为一体的运动型保险杠，不仅时尚、美观，更能抵御来自前方的撞击，保护车辆的安全。

⑤运动型前雾灯。

镶嵌于保险杠之中，采用镀铬装饰的前雾灯和前大灯一起为车辆提供良好的照明，在雨、雾天气中让行车变得更加从容和安心。

图 4.1.58　马自达 8 前大灯

⑥雨量感应式前雨刷。

利用雨量传感器和光线折射原理制成的前雨刷，在感应到下雨时，将会自动开启，并会根据雨量大小自动调节雨刷的频率，始终确保驾驶员能拥有清晰的驾驶视野，以保证雨天行车的安全。

（2）侧面，如图 4.1.59 所示。

图 4.1.59　马自达 8 侧面

①侧部造型风格。

完美协调的整车流线、黄金分割的车窗和车身比例构成的侧面，舒展延伸，营造出了高级感和品质感，并能提供稳定、安全的驾驶体验，同时有 6 种车身颜色可供选择。

②长轴距设计。

其轴距长达 2 950 mm，使得车内空间非常宽裕，能完全满足多人乘坐的需求，如图 4. 1. 60 所示。

图 4. 1. 60　马自达 8 车内空间

③双侧侧滑门。

这一设计让乘员从车辆两边都可以自由上下车，便捷实用，并体现出 MPV 的典型风范。

④外后视镜带 LED 侧转向灯。

它的外后视镜具有电动调节、电动折叠、电加热和斥水的功能，同时驾驶侧的外后视镜带有广角设计，其丰富的多功能设计为整车营造出高级感，使用起来也非常方便，更提供了安全方面的保障，比如在狭窄区域停车及雨天行车等情况均会用到这些功能。

⑤镀铬装饰车门外把手。

它的门外把手采用外拉式设计，易于着力打开车门，也非常醒目，更凸显了高档的感觉。

⑥前排车窗绿色隔热玻璃。

前排车窗玻璃为斥水玻璃，能保证雨天行车的安全，并且车窗玻璃具有一触式升降和防夹功能，使行车更便利，比如在高速公路缴费时就会用到该功能。

⑦第二、三排车窗为黑色私密玻璃。

第二排车窗也带有一触防夹功能，并且用钥匙就可以遥控全车车窗玻璃的升降，从而隔绝阳光，避免曝晒，并保证私密性，同时也让车窗的操作更加便捷。

（3）侧方 45°，如图 4. 1. 61 所示。

①前后独立悬架系统。

它采用前麦弗逊后多连杆的悬架形式，这属于同级别车中的先进装备，在保证车辆稳定、乘坐舒适的同时，也使车辆更易于操控。

②16 英寸铝合金轮毂。

它的宽胎和大尺寸轮毂的配备也超越同级别车型，为车辆提供更好的抓地力，也使车辆行驶更稳定，同时大尺寸轮毂也提升了车辆的档次。

图 4.1.61　马自达 8 侧方 45°

③前后通风盘式刹车。

它的前轮还配有双活塞刹车钳，这都是同级别车中独有的配备，使得该车型在刹车时更加精确，由于散热性能更加突出，因而增强了刹车的效果，保证了安全行车。同时，它还具有完备的电子辅助制动系统。在先进的制动系统的基础上，马自达 8 更是装备了 ABS + EBD + EBA（BA） + TCS + DSC 等系统，以确保在行车过程中，尤其是在紧急状况下，能保证行车方向、规避行车危险、缩短刹车距离，并避免车辆打滑、甩尾现象的发生，让车辆更安全，让驾驶人员更安心。

④3H 结构高刚性车身。

马自达 8 采用了高刚性安全车身，并通过车身前后的可溃缩冲撞区来缓和冲击，同时靠底盘、侧围和车顶组合而成的三重 H 型结构来保护座舱，这样就使马自达 8 的车辆碰撞安全得到充分的保证。

⑤全车六安全气囊系统。

除了前排的双气囊外，它还配备了侧气囊和侧气帘，从而在碰撞过程中能为驾乘人员提供更完善、更周到的防护。

⑥防盗自动报警系统。

马自达 8 配备了发动机芯片锁止防盗系统，当车辆遭遇外界入侵时，该系统会自动报警，从而保证了车辆本身的安全。

（4）后方，如图 4.1.62 所示。

①车尾造型风格。

它简洁、时尚且不失稳重感的设计，在强调稳重和平衡元素的基础上，营造出圆润、流线的运动感觉。

②LED 后组合尾灯。

它的尾灯采用黑色底衬的横向设计，体现出优雅、稳重与靓丽的高级感，清晰的信号指示也能给后方车辆及时的警示，确保了行车的安全。

③镀铬装饰后备厢门把手、牌照框。

后备厢门把手及牌照框的大型横条式设计，与前格栅前后呼应，使得从尾灯组的内侧到牌照部位的过渡非常自然，呈现出精悍、成熟的感觉。

④后扰流尾翼及 LED 高位刹车灯。

图 4.1.62　马自达 8 后方

它的后尾翼造型宽大，并内嵌 LED 高位刹车灯，不仅外观时尚，而且能保证车身在高速行驶中的稳定性，也能给后方车辆以更明显的警示，使行车更安全。它的后风窗黑色私密玻璃可隔绝光线，且看上去更高档，同时也能起到防晒和保护隐私的作用。

⑤运动型后保险杠。

它的后保险杠和车身融为一体，整体感强，可充分抵御来自后方的撞击。

⑥后备厢容积。

在正常状态下，其后备厢容积为 270 L，放倒第三排后容积可达 759 L，这样的设计使得置物空间变化多端，并可容纳足够多的行李物品。

⑦第三排座椅的组合变化。

它的第三排座椅可轻松操作，根据乘员及其携带行李状况可自由选择完全放平，从而为驾乘人员提供最佳的出行方案。

(5) 驾驶室，如图 4.1.63 所示。

①精致的内部造型。

马自达 8 的内部采用镀铬、木纹装饰相结合的设计，除了保留经典的豪华元素外，更融入了高科技的风格，并与真皮材质一起凸显出高品质感。

②全系高级真皮座椅。

为超越同级别车的配备，马自达 8 的驾驶员座椅可实现 8 向电动调节功能，这显示了它的尊贵和高级感，同时也是对客户的贴心厚爱，电动调节功能为客户尤其是多人用车时提供了非常便利的功能。

③悬浮式三维立体自发光仪表。

图 4.1.63　马自达 8 驾驶室

它的仪表盘采用了蓝色背光、白色字体和红色指针指示，三维立体造型，且外观雅致，呈现出座舱的立体感和高科技感，很吸引客户的眼球，如图 4.1.64 所示。

图 4.1.64　马自达 8 自发光仪表

④中控台设计。

它的中控台结合了经典的豪华风格和现代化的科技元素，镀铬和木纹装饰相间，显得简洁干练，并具有延展性；按键面积大，操作简单；功能区非常明显，可识别性高。

⑤三区独立控制全自动空调。

它的主、副驾驶座和后排可以独立控制温度，并且主驾驶可控制后排温度；空调系统附带花粉过滤器，坐在不同区域的人员可根据自己的喜好自由操作空调系统，这一设计在带来良好便利性的同时，也带给客户更好的舒适性。

⑥高品质立体声音响系统。

它的音响系统配备了6喇叭和6CD，并支持MP3和WMA格式；它的ALC音量随速调节系统能为车内营造出歌剧院般的氛围，带给客户美妙的音乐享受。

⑦电动天窗。

它的天窗采用双层设计以及开闭和倾斜的双模式开启方式，天窗面积大可以让车内驾乘人员更亲近自然，并充分享受温暖的阳光和清新的空气。

⑧前排驾驶视线。

它的前风挡面积大、驾驶位置较高、三角窗设计合理，使得驾驶员前方的视野非常开阔，视线也较高，几乎没有什么盲区，保证了正常行车和拐弯时的安全。

（6）发动机舱，如图4.1.65所示。

图4.1.65　马自达8发动机舱

①发动机舱整体布局。

紧凑、合理，错落有致，线路、管路走向清晰的发动机舱，看上去非常整齐。

②2.3 L高性能发动机。

它的发动机采用全铝合金材质，直列4缸、双顶置凸轮轴、16气门的形式，应用了SVT可变气门正时控制系统、VIS可变进气歧管和TSCV可变涡流控制系统等技术。因而，它具有动力强、省油、排放环保和可靠性高的特点，其最大功率可达113 kW/6 500（$r \cdot min^{-1}$），最大扭矩为205 N·m/4 000（$r \cdot min^{-1}$），而综合油耗只有9.8 L/100 km，排放也达到了先进的国Ⅳ标准。

③4速手自一体变速器。

该变速器非常成熟、实用，并可和发动机完美匹配，可为车辆提供持续的动力。

④液压助力转向系统。

该系统能在车辆行驶时提供足够的转向助力，且性能可靠、使用成本低。

⑤隔音降噪措施及舒适性。

在发动机舱的其他部位，也采用了隔音降噪措施，如采用防火墙隔音棉、发动机盖隔音垫等，这种静音设计保证了发动机舱的静谧性，使乘员在驾乘舱内乘坐的舒适性非常好。

⑥值得信赖的品质与可靠性。

一汽马自达的车型长久以来积累了良好的可靠性口碑，其严格的源头控制，包括采购体系、生产体系及质量管理体系的科技性和严谨性，共同保障了其产品的品质感。

3. 核心卖点介绍

在乘坐方面，马自达 8 主推第二排两张宽敞的老板座椅，而事实上，其第二排座椅的利用率的确远比第三排要高。在动力方面，2. 3 L 的 MZR 发动机在空载状态时表现游刃有余，但在满载的情况下只能算够用，它搭配的 4AT 自动变速器虽然挡位不多，但实际的平顺性还是不错的。7 座的 MPV 车型一般比较庞大，但这并不妨碍马自达套用其家族式的风格，马自达 8 可以说是同级别产品中外形最运动的一个。在动力总成方面，它仅有 2. 3 L MZR 发动机搭配 4AT 一种组合，其动力表现仅算够用，能够应付日常使用需求而已。作为一款 MPV 市场的新成员，马自达在打造它的时候也非常用心，它拥有非常出色的第二排座椅，无论是灵活性还是空间方面都比同级别的对手要强一些，尤其是可以合并成三座这个功能。除此之外，其内部配置与电动车门这些该有的商务配置都一样不少。更令人赞叹的是，马自达 8 还保留了不错的驾驶乐趣。

参考文献

［1］许兆棠，黄银娣．汽车构造（上册）（第 2 版）［M］．北京：国防工业出版社，2016.

［2］孙路弘．汽车销售的第一本书［M］．北京：中国人民大学出版社，2008.

［3］中国汽车工业协会．中国汽车工业发展年度报告（2016）［R］．北京：社会科学文献出版社，2016.